国家自然科学基金面上项目(项目编号:61271399,61471212,61173184)
浙江省自然科学基金面上项目(项目编号:LY6F010001)　　　　　　支持出版
宁波市科技创新团队研究计划(项目编号:2011B81002)
浙江省信息与通信工程重中之重学科

稀疏表示及模糊支持向量机理论 在卫星云图处理中的应用

金　炜　符冉迪　何彩芬　闫　河　龚　飞　著

科学出版社
北　京

内 容 简 介

本书从卫星云图处理的研究现状出发,运用现代信息技术与大气科学交叉互补的研究思路,介绍了稀疏表示和模糊支持向量机理论及其在卫星云图处理中的若干应用。书中采用不确定性理论及机器学习法,开展了卫星云图降噪、多通道云图融合、卫星云图超分辨率、云类识别、云图检索等方面的研究,以期提高气象业务服务水平,并拓展稀疏表示理论及FSVM 的实际应用价值。本书每章都给出了相应的实验方法和实验结果,希望能给读者带来更多的参考价值。

本书可作为从事信号与信息处理、图像处理、模式识别、遥感信息处理、大气科学等方面研究工作的科技人员的参考资料。

图书在版编目(CIP)数据

稀疏表示及模糊支持向量机在卫星云图处理中的应用/金炜等著.—北京:科学出版社, 2016.6
ISBN 978-7-03-048391-1

Ⅰ.①稀⋯ Ⅱ.①金⋯ Ⅲ.①卫星云图分析 Ⅳ.①P455

中国版本图书馆 CIP 数据核字 (2016) 第 117168 号

责任编辑:杨 岭 黄明冀/责任校对:杨悦蕾
责任印制:余少力 / 封面设计:墨创文化

科 学 出 版 社 出版

北京东黄城根北街16 号
邮政编码:100717
http://www.sciencep.com

成都创新包装印刷厂印刷
科学出版社发行 各地新华书店经销

*

2016 年 6 月第 一 版 开本:B5 (720×1000)
2016 年 6 月第一次印刷 印张:9 3/4
字数:200 千字
定价:86.00 元

前　　言

我国是气象灾害种类最多、发生最频繁、影响最严重的国家之一，气象灾害不仅造成了重大的经济损失，同时也造成了严重的人员伤亡。在当前和今后一个时期，在全球气候变化背景下，极端天气事件发生的概率进一步增大；降水分布不均衡、气温变化异常等因素导致的洪涝、干旱、高温热浪、低温雨雪冰冻、森林草原火灾、农林病虫害等灾害增多，出现超强台风、强台风、风暴潮等灾害的可能性进一步加大。

防灾胜于救灾，要减少气象灾害的威胁，除了进行相关预防性准备外，对灾害的预警也提出了新的需求。气象卫星由于具有观测区域大、探测重复期短、实时性强等突出优点，所获取的卫星云图在气象业务保障、短中长期天气预报、气候分析和预测、强对流云团的识别与跟踪等方面已得到广泛应用，成为动态监测各类突发灾害性天气的有力工具。然而，现阶段人工目视判读仍是卫星云图分析的主要方法之一，这既易受主观因素的影响，又有碍于天气预报制作的科学化、自动化与定量化的发展趋势。随着气象卫星探测能力的不断提高和数值预报技术的发展，云图信息的应用将越来越广泛，采用信息处理的先进理论与算法，开展卫星云图处理的研究将有利于建立完善的天气预警系统，从而增强预警的准确性，这也是国家经济建设和社会发展的迫切需要，具有特别重要的意义。

近年来，随着压缩感知技术在信号处理、成像等领域的成功应用，稀疏表示理论受到了各国学者的广泛关注。研究表明，视觉皮层 V1 区细胞对外侧膝状体(lateral geniculate nucleus，LGN)细胞所发放的输出信息的特征表达存在超定性质，即它的编码表达空间维数大于其输入空间维数，因此稀疏表示符合灵长类动物大脑视觉皮层对复杂刺激的感知过程，可作为神经信息群体分布式表达的有效策略，更加符合人眼的视觉特性，正是由于稀疏表示所具有的特征保持性和稀疏性，以冗余字典为代表的稀疏表示理论被成功应用于信号处理的多个领域，为云图处理提供了新工具。同时，卫星云图作为一类特殊信号，除了特征明显的典型云类外，还存在云类过渡区域和处于长、消阶段等一些特征较为模糊的云系及混合云系；而且云图的形成受到诸如噪声、大气湍流、地表形态起伏、卫星轨道漂移等的影响，因此云图不可避免地具有模糊、不均匀、云型复杂多变等特点，这就使云图的处理具有一定的特殊性，也造成了云图处理的困难。模糊支持向量机（fuzzy support vector machines，FSVM）建立在统计学习 VC 维理论和结构风险最小原理基础上，能根据有限的样本信息在模型的复杂性和学习能力之间寻求最佳折中，从而可以获得较好的推广能力，而且由于引入了模糊隶属度，使得FSVM 对噪声与野值样本不敏感，具备模糊处理能力，这正吻合了卫星云图的特点。

本书根据经济发展对气象服务提出的要求，从卫星云图的本质特性出发，运用现代信息技术与大气科学交叉互补的研究思路，将稀疏表示思想引入卫星云图处理，并针对卫星云图的模糊性，采用不确定性理论及机器学习法，开展了卫星云图降噪、多通道云图融合、卫星云图超分辨率、云类识别、云图检索等方面的研究，以期提高气象业务服务水平，并拓展稀疏表示理论及 FSVM 的实际应用价值。

本书在出版过程中，得到了科学出版社的大力支持与帮助，在此表示衷心感谢。同时还要感谢国家自然科学基金面上项目（面向卫星云图纹理分析的对偶树轮廓波及模糊 SVM 理论与算法研究，项目编号：61271399；红外云图超分辨率的稀疏表示理论与算法研究，项目编号：61471212；移不变抗混叠多尺度几何分析基础理论研究，项目编号：61173184）、浙江省自然科学基金面上项目（基于稀疏表示服务海洋经济的卫星云图检索研究，项目编号：LY16F010001）、浙江省信息与通信工程重中之重学科对本书出版的资助。

本书是我们在该领域工作的小结，感谢宁波大学信息科学与工程学院对我们工作的支持，感谢实验室同仁多年来的努力工作，感谢王雷、何艳、范亚会、石大维、王文龙、田文哲、周峰、贾长斌、颜文、周颖、龚飞等人所付出的辛勤劳动。由于本书引用的参考文献较多，难以一一列出，在此向原作者致敬。

鉴于作者学识水平和视野所限，加之本书成书时间仓促，书中不妥之处在所难免，恳请广大读者批评指正。

目　　录

第1章 绪 论

1.1 引 言

　　地球上空约 1/2 的区域被云覆盖。一定的天气现象总是和云的某种形态有所联系，云通过地球-大气辐射系统影响全球的能量交换，进而影响能量所驱动的气候因素[1]。从古至今，人类一直通过观测云的形态预测当地的天气。随着人类活动范围的日益扩大，大范围、多角度地对云进行观测就显得尤为重要。气象卫星云图以其较广的观测范围、较短的探测周期等优点，有利于长期把握大气、海洋、云况等信息，对掌控天气变化的趋势具有重要意义。此外，在一些自然灾害，如台风、洪涝、雪灾、林火等的预防工作中，卫星云图也得到了广泛的应用。

　　然而，现阶段人工目视判读仍是卫星云图处理的主要方法之一，这既易受主观因素（如心理状态、认知取向、思维定势、判读经验等）的影响，又有碍于天气预报制作的科学化、自动化与定量化的发展趋势。随着气象卫星探测能力的不断提高和数值预报技术的发展，云图信息的应用将越来越广泛，对云图处理进行更加深入的研究具有特别重要的意义。随着气象卫星技术的发展，各资料站每天能够接收几乎覆盖全球的 GB 数量级的海量云图数据，传统的云图人工处理方法更显得捉襟见肘，如何将最新的信息处理技术引入卫星云图处理领域，引起了大批气象卫星工作者的研究兴趣。面对海量的卫星云图，我们需要用尽量少的系数来捕获尽可能多的云图信息，这恰好与稀疏表示理论的核心相吻合。此外，稀疏表示理论能够在一定程度上模拟人类视觉系统感知外界信息的机理。因此，探索一种可以高效准确提取卫星云图的本质内在特征，实现对卫星云图内容的最稀疏解析，为提高当前卫星云图的处理水平提供了一种可行的新思路。

　　卫星云图处理主要包括云图预处理、云图特征提取及由此发展起来的云的识别分类及检索等问题。由于云的复杂性，除特征明显的典型云类外，还存在云类过渡区域和处于长、消阶段等一些特征较为模糊的云系及多层云系；而且云图的形成受到诸如噪声、大气湍流、地表形态起伏、卫星轨道漂移等的影响，因此云图不可避免地具有模糊、不均匀、云型复杂多变等特点，这就使得云图的处理具有一定的特殊性，也造成了云图处理的困难。

近年来，我们根据经济发展对气象服务提出的要求，从卫星云图的本质特性出发，运用现代信息技术与大气科学交叉互补的研究思路，将稀疏表示思想引入卫星云图处理，并针对卫星云图的模糊性，采用不确定性理论及机器学习法，开展了关于卫星云图降噪、多通道云图融合、卫星云图超分辨率、云类识别、云图检索等方面的研究，以期提高气象业务服务水平，并拓展稀疏表示理论及模糊支持向量机的实际应用价值。

1.2　卫星云图处理的研究现状

随着气象卫星技术的发展，气象人员开始广泛使用卫星云图资料，并对其进行了充分的分析和研究，从人工目视对云图形态进行分析，到结合类型丰富的其他气象资料的分析与研究；从气象专业人员主观判断目标云体类型，到基于云体自身特征进行智能识别的研究。归纳起来，针对卫星云图的应用研究，主要集中在以下几个方面。

(1)卫星云图的降噪处理。原始气象卫星云图在成像和传输过程中，一些人为不可控的因素导致云图中不可避免地存在各种噪声，而噪声的存在严重制约了云图内容的解读。因此，对云图进行分析和处理前，必须对云图进行降噪处理。当前，卫星云图噪声抑制的方法基本在空间域和变换域中进行。空间域方法采用各类平滑函数对卫星云图执行卷积操作，以达到降噪的目的，典型的空间域滤波方法有中值滤波、邻域均值滤波、几何均值滤波、Gradient-inverse 滤波等。受制于这些滤波方法的机制，在降噪的同时，也损失了云图中细微的影纹及云团的边缘特征。为弱化空间域滤波的负面影响，上官伟等采用局部统计滤波和改进的中值滤波[2]降低云图噪声。变换域滤波方法主要是将原始云图信号进行某种空间变换，使得图像信号和噪声信号在变换后的空间中易于区分。通过分析噪声信号在新空间中的表现形式，选择合适的方式降噪。比如，通过傅里叶变换或 DCT 变换，得到云图噪声的频率范围，选择合适的频域滤波器执行滤波操作，也可在此基础上，结合小波变换，设计基于小波域的组合滤波方法[3]。

(2)多通道卫星云图的融合。气象卫星通常具有多个成像波段不同的探测器，所成图像能够从不同角度反映天气信息。比如，红外通道的波长范围为 10.3～11.3μm，该通道通过接收红外辐射成像，图像的灰度值取决于云顶或地表温度，而可见光通道的波长范围为 0.55～0.9μm，该通道通过接收云体或地表反射的太阳辐射成像，图像的灰度值取决于云体或地表的反射率。经过图像融合技术的处理，不仅能够在单幅云图中包含不同通道的云图特征，而且融合后的云图含有更丰富的内容，这有利于开展云图智能分析，如台风云系定位、云团类型识别等，从而能够高效准确地分析云图。因此，国内外许多学者针对多通道的云图融合问题进行了研究。Ye 等[4]基于小波变换对红外通道和可见光通道云图进行融合，该方法不仅可以融合分辨率不同的云图，而且融合云图的方向、区域等细节信息更为丰富。美国海军实验室基于微可见光和红外云图的伪彩色融合方法，使融合后的云图很容易从色调上区分晨昏时的云和雾[5]。杨贵军等[6]基于神经网络的红外云图和可见光云图的融合方法，能够快速获得具有高分辨率地表温度分布的融合图像。符冉迪等[7]利用压缩感知融合多通道云图，融合后的云图与常规融合算法相比具有更高的清晰度。

（3）卫星云图超分辨率。目前，气象卫星虽能提供相当多的成像通道，但不同通道数据的分辨率往往不同。比如，由于受接收辐射的波长和技术水平的限制，红外通道数据的分辨率往往较低，这对综合使用多通道数据进行分析不利，也会增加分析设计的难度[8,9]；如果对高分辨率通道的数据进行抽样，使其与低分辨率通道的数据一致，则对宝贵的高精度数据信息是一种浪费。因此，设计相应的超分辨率算法，使得低分辨率通道数据的精度得以提升就有着极大的现实意义和应用价值。自 20 世纪 60 年代 Harris 提出超分辨率思想以来，超分辨率技术得到了学术界的广泛重视，出现了一些行之有效的算法，并在遥感图像处理中得到了应用[10]。然而，目前的遥感图像超分辨率算法大都未考虑卫星云图纹理结构的复杂性及不规则性，仅适用于特定的成像模型。如传统的插值放大算法本质上并不能增加图像的有效信息，且随着放大倍数的增加，在图像的边缘区域会出现严重的振铃或棋盘现象；基于重构约束的算法，根据假设的成像模型，通过多帧或单帧低分辨率图像的逆向求解，复原出高分辨率图像，但由于此类反问题严重的病态性，往往不易得到稳定的结果；Chang 等从流形学习理论出发，认为低分辨率图像空间与高分辨率图像空间具有相似的流形，提出一种称为邻域嵌入（neighbor embedding，NE）的超分辨率算法[11]，该算法通过训练样本建立低分率图像块与高分辨率图像块的映射关系，并根据相邻低分辨率图像块的线性组合来预测对应的高分辨率图像块，但该算法计算复杂性较高，且所得的高分辨率图像往往过于平滑。

（4）云团类型的判定。不同的云层能够反映不同的天气状况，如积雨云往往预示着雷暴、降水等强对流天气，这种天气通常给人类的生产、生活带来严重影响；层积云通常不会带来强对流天气。因此正确判断云的类别就显得特别重要。气象卫星技术发展的初期，气象人员主要通过人眼目视判别云的类别。20 世

90 年代，伴随着模式识别技术的发展，气象人员开始着眼于云团类型自动识别的研究。Bankert[12]提出一种基于三层神经网络的云分类算法，之后和 Aha 合作优化神经网络的训练过程，识别的准确率得到了进一步的提高[13]。Romanatahn 等[14]从大气物理学角度入手，深入研究了不同类别云层吸收太阳辐射的差异，计算出各类云层吸收的能量的统计特征，如透光率、吸收率、反照率等，进而判断云的类别。国内学者也在云类自动识别领域进行了深入研究。杨澄等[15]将反演后的红外云图和水汽云图的亮温作为特征，对不同类别云团的性质进行了研究。王继光等[16]基于 SOFM、结合 PNN 实现了云的分类。

（5）卫星云图检索。包含丰富天气信息的卫星云图被广泛应用于日常天气预报业务，特别是在海洋环境，因为往往缺乏常规观测资料，只能从空中对云进行观测，卫星云图就成为提供气象服务最主要的手段。由于长期积累，气象云图资料已经具备一定规模，在管理和利用方面都出现了困难，怎样克服这一困难以更好地为海洋经济服务是一个值得关注的问题，传统的数据库技术无法满足海量云图检索的需求，必须引入基于内容的图像检索技术 CBIR（content-based image retrieval）。CBIR 技术出现在 20 世纪 90 年代，与基于文本的图像检索技术不同的是，CBIR 不需要人工标注关键字，可通过图像特征与数据库图像特征的距离比较，找到相似图像[17,18]。基于内容的图像检索技术一经提出，便成为了研究热点，各高校、公司、科研机构纷纷加入，如 IBM、Virage、MIT 媒体实验室等都对该技术进行了深入研究，并推出了自己的 CBIR 系统[19,20]。近年来，国内各大高校和科研机构也开始对基于内容的图像检索系统展开研究[21,22]，如浙江大学的 Webscope CBR 多媒体检索系统，中国科学院计算机研究所开发的 MIRES 检索系统等。然而，传统的图像检索技术主要针对一般的自然图像，很难适应卫星云图检索的需要。比如卫星云图纹理细节丰富，其中对流性较强的积云常富含褶皱及斑点纹理，红外云图中的层云纹理结构光滑，卷云呈纤维状纹理，而积雨云往往在云顶最高处，呈现团状纹理等，同时对于台风云系具有自身的云团形状特征，如何有效地对云图特征进行理解和描述，已成为卫星云图检索的关键所在。目前，基于内容的卫星云图检索系统的研究还处在起步阶段，国内外尚未形成系统的卫星云图检索方案。日本通过提取台风云系的形状特征和运动轨迹特征，设计了一种面向台风云图的检索系统 Kitamoto[23]，但系统只能针对台风云系，不具有一般性；意大利的 Acqua 等利用点扩散技术，通过位置、旋转度和尺度来刻画云图的形状特征，研究了针对飓风与非飓风云系的检索系统，该系统同样存在应用面较窄的问题。印度的 Deepak 利用灰度共生矩阵提取了云系的纹理特征[24]，并将云团的面积和周长作为形状特征，实现了一个云图检索系统，但实验表明，该类特征也仅对台风云系适应性较好。在国内，天津大学的刘正光[25]

通过云图分割提取了云系的轮廓、骨架、周长、面积及云系的纹理特征，建立了卫星云图数据库，但对于特征的综合表达能力及匹配算法等尚待改进；哈尔滨工程大学的上官伟[26]利用小波、统计等方式提取了云图频谱特性及结构特性，通过模糊相似度计算，实现了一种云图检索系统，但系统的检索精度及检索效率有待进一步提高；南京航空航天大学融合粒子群优化算法和FCM算法，首先对云系进行前期聚类，再利用灰度共生矩阵提取纹理特征，并结合灰度及形状特征，进行相似度匹配，实现云图检索[27]，但当该方法面对复杂云系时，难以提取全面的形状特征，并且相似度匹配也不易实现。

综上所述，卫星云图的出现在一定程度上促进了气象科学研究技术的发展，但当前的卫星云图的应用研究也存在一些不足之处，比如在云类识别应用中就存在以下困难：首先，难以区分特征相似的目标区域，如陆地积雪和云；其次，在云层较薄的情况下，地表、云顶等不同目标的特征会同时出现在同一块区域中，从而影响了对该区域的分析解读；而且，传统的卫星云图分析通常是气象专家结合自身的专业素养目视判别，主观因素较大，效率低下。

1.3 静止气象卫星及其卫星云图

气象卫星是一个在空间飞行的平台，可用于携带多种气象观测仪器，通过气象卫星获取的卫星云图可以综合反映大气中进行的动力和热力现象，是进行天气预报、气候监测和自然灾害预防十分重要的工具。卫星按照其运行的轨道，基本上分为极轨卫星和静止卫星，其中静止卫星由于观测范围广、观测频次高，是当前气象观测的重要手段。

1.3.1 静止气象卫星

静止卫星又称为地球同步卫星，是以与地球自转相同的速度，在东西方向绕着地球赤道运行，相对静止于地球赤道上某点上空的卫星，具有时间分辨率高、观测范围大等优点。目前我国FY-2系列及日本MTSAT卫星可用于我国各地区的气象业务，两种卫星均有4个红外通道(infrared radiation，IR)和1个可见光通道(visual，VIS)，其中红外通道包括长波红外通道(IR1)、红外分裂窗通道(IR2)、水汽通道(IR3)和中波红外通道(IR4)。两种卫星的对比信息如表1.1所示[28,29]。

表 1.1　FY-2 卫星与 MTSAT 卫星信息对比

对比项		FY-2	MTSAT
高度/km		35860	35800
星下点中心位置		(105°E, 0°N)	(140°E, 0°N)
5 通道波段/μm	红外 1	10.3~11.3	10.3~11.3
	红外 2	11.5~12.5	11.5~12.5
	红外 3	6.3~7.6	6.5~7.0
	红外 4	3.5~4.0	3.5~4.0
	可见光	0.55~0.90	0.55~0.90
量化等级/bit	红外	10	10
	可见光	6	10
星下分辨率/km	红外	5	4
	可见光	1.25	1

1.3.2　卫星云图相关知识

气象卫星通过辐射扫描仪接收来自地面、云层和大气反射的太阳辐射或自身发射的红外辐射,并将这些辐射信息以图像的形式呈现出来,形成卫星云图,其中最常用的通过静止卫星获取的云图包括红外云图、水汽云图和可见光云图。

(1)红外云图。红外云图是卫星在某一特定波段所接收到目标物发出的辐射所形成的图像,一般包括三个红外通道(IR1、IR2、IR4),如图 1.1(a)~(c)所示,主要取决于物体自身的温度和发射率。在红外云图中,物体的温度与云图色调呈反比关系,色调亮的地方表示温度低,色调暗的地方表示温度高。通常情况下,大气温度随高度的增高而降低,所以可通过红外云图的色调判断云系的高度,色调越亮,表示云顶温度越低,云顶越高。陆地和海洋的温度反差比较明显,所以海岸线在红外云图中较为清晰。同时,在红外云图中一般最暗的区域为陆地,其次是海洋、湖泊等水体,温度较低的云系呈现白色或亮灰色。

(2)水汽云图。水汽云图是卫星接收来自大气水汽层发出的辐射而生成的图像,是红外谱段图像中比较特殊的一种(IR3),如图 1.1(d)所示。它表示大气中水汽含量的多少,反映位于不同发射层的水汽特征,在云图中仍表现为温度特征。卫星测量的辐射越小,表示水汽含量越多,在水汽云图中色调越白;卫星测量的辐射越大,表示水汽含量越少,在水汽云图中色调就越暗。在中高云区,辐射主要来自云层,所以云系形态在红外云图和水汽云图中较为相像,而在少云地区，对流层中上部的云系特点可在水汽云图中显现，而在红外云图中则无法明显看出。

（3）可见光云图。可见光云图是扫描辐射仪在可见光谱段测量来自云层与地面反射的太阳辐射所呈现的图像，如图 1.1(e)所示。接收到的辐射越大，在云图中的色调越亮，反之，越暗。物体反射太阳辐射的强度由两方面决定：一是物体自身的反照率，反照率越大，色调越亮；二是太阳高度角，高度角越大，光照越充分，反射的太阳辐射越强，色调越亮。例如，早晨、傍晚的时候，太阳高度角很低，可见光云图非常灰暗；夜晚的时候，则无法获取有效的可见光云图。

(a)IR1 云图　　　　　　　　(b)IR2 云图　　　　　　　　(c)IR4 云图

(d)IR3 云图　　　　　　　　(e)VIS 云图

图 1.1　五通道云图

可见光云图可用于区分海洋、陆地和云。海洋反照率较大，在云图中色调偏暗，陆地的反照率大于海洋，小于云系，所以在云图中，陆地的色调亮于海洋，而暗于云。无积雪覆盖的地面，通常情况下云的反照率高于陆地，所以在可见光云图中云表现为白色或亮灰色。不同的云系具有不同的反照率，厚度大、水冰含量高的云系反照率较高；厚度小、水冰含量低的云系则反照率较低。同时，由于太阳高度角原因，会在云图中形成阴影和高亮区，这有助于识别云的纹理结构信息。

1.4　卫星云图处理的理论准备：稀疏表示及模糊支持向量机理论

1.4.1　稀疏表示理论

在数字图像处理技术中，一个根本性的问题就是如何建立有效的图像表示方式。在很大程度上，图像表示方式的进步促进了图像处理技术的发展。图像的稀疏表示作为一种新颖的图像表达方式，能够用一组尽可能稀疏的系数表示原图像，系数中的非零成分象征着图像信号的本质特征和主体结构，并且冗余系统对噪声具有更强的鲁棒性。而且神经生理学研究证明，哺乳生物的视觉皮层的编码方式也属于稀疏编码的范畴，从这个层面来讲，稀疏表示模型能高效地匹配哺乳生物的视觉感知特性。所以，稀疏表示理论不仅对数字图像处理产生了极大的影响，而且促进了模式识别、逼近论、机器学习[30]等领域的发展。

1. 稀疏表示理论的发展

图像的稀疏表示方法自傅里叶变换提出以来，主要经历了以下几个阶段：

(1)小波变换。该变换具有很多优于傅里叶变换的特性，如良好的空间/频率局部化特性，但却并不具备人眼的方向敏感特性，主要适合表示一维奇异性的对象，无法有效地表示、处理图像的高维数据。

(2)多尺度几何分析(multiscale geometric analysis，MGA)[31]。MGA 克服了小波变换的方向性缺乏问题，它能实现高维空间数据的高效表示，为图像的稀疏表示提供了更有效的工具。MGA 自提出以来，被广泛地应用于数学分析、统计分析、模式识别、计算机视觉等学科领域，且在图像分析中也取得了较大成功。由于目前所提的 MGA 工具主要以变换为核心，因此也称其为多尺度多方向变换。图像的 MGA 分为非自适应多尺度几何变换和自适应多尺度几何变换。非自适应多尺度几何变换目前主要包括 Ridgelet、Curvelet、Contourlet 变换等；自适应多尺度几何变换目前主要包括 Brushlet、Wedgelet、Bandelet、Directionlet、Tetrolet 变换等。目前，图像的 MGA 正处于发展阶段，对其理论及应用的研究是目前国内图像稀疏表示研究的一个重要方面。

(3)过完备字典图像稀疏表示。作为又一新的研究热点，过完备字典图像稀疏表示近年来受到了国内外学者的关注，早在 1989 年，Mallat 就提出了采用过完备 Gabor 字典实现图像稀疏表示，他还同时提出了匹配追踪算法来进行图像重构[32]。神经生理学研究表明，哺乳动物视觉皮层的编码方式也属于稀疏编码的范畴，从这个层面来讲，稀疏表示模型能高效匹配哺乳动物的视觉感知特性。因此，使用过完备稀疏表示是符合人眼视觉特性的一种有效策略。之后，人们在此基础上通过构造自适应过完备的冗余字典，进一步提高了现图像的稀疏表示效率[33]。目前，关于过完备图像稀疏表示的理论研究还不够成熟，需要进一步的完善来获得更好的实际应用。

2. 过完备字典稀疏表示理论简介

记 $\boldsymbol{u} \in R^N$ 为 N 维的数学信号，字典 D 为 L 个 N 维单位向量 $\boldsymbol{\varphi}_r$ 的集合：

$$D = \{\boldsymbol{\varphi}_r \in R^N \mid r \in (1, L), \|\boldsymbol{\varphi}_r\| = 1\} \qquad (1.1)$$

其中，每一个 $\boldsymbol{\varphi}_r$ 称为一个原子，$L \geqslant N$。一般情况下，信号 $\boldsymbol{u}$ 可以表示为字典 D 中原子的线性组合：

$$\boldsymbol{u} = \sum_{r=1}^{L} \boldsymbol{\alpha}_r \boldsymbol{\varphi}_r \qquad (1.2)$$

假设字典中的原子可以张成 N 维空间 R^N，也就是 span $\{\boldsymbol{\varphi}_r \in D\} = R^N$，则称字典 D 是完备的。若满足 $L > N$ 的条件并且字典中的原子可以张成 N 维空间 R^N，那么构成该字典的原子必然满足线性相关性，此时 D 称为过完备字典，也称冗余字典。信号在冗余字典下分解得到的稀疏系数 α 并不唯一，利用这一特性，我们可根据应用的目的选择最符合要求的表示系数，从而使信号的自适应表示成为可能。在机器视觉等诸多领域中，专家学者们一直在追寻信号的简洁而稀疏的表达方式，即系数向量中只有数量极少的非零系数，绝大多数系数为零，信号的本质特征蕴含在非零系数中。将 L_0 范数作为稀疏求解过程中的限制函数，就可以从多个分解系数中选择最稀疏的一组系数。基于过完备字典的信号稀疏表示的完整数学模型如下：

$$\min \|\boldsymbol{\alpha}\|_0 \quad \text{s. t.} \quad \boldsymbol{u} = \sum_{r=0}^{L} \boldsymbol{\alpha}_r \boldsymbol{\varphi}_r \qquad (1.3)$$

其中，$\|\boldsymbol{\alpha}\|_0$ 表示系数 α 中不为零的系数的个数。

图 1.2 是过完备字典下信号稀疏表示的示意图，其中系数 $\boldsymbol{\alpha}$ 只有少量的非零元素。

当信号 $u \in R^N$ 包含噪声时，则对应的稀疏表示可看成稀疏逼近问题：

$$\min \|\boldsymbol{\alpha}\|_0 \quad \text{s. t.} \quad \|\boldsymbol{u} - D\boldsymbol{\alpha}\| \leqslant \varepsilon \qquad (1.4)$$

其中，ε 表示小的正常数。当 $\varepsilon = 0$ 时，上式就为稀疏表示问题。为统一上述两种情况，可建立一种稀疏性约束条件下的非线性逼近模型：

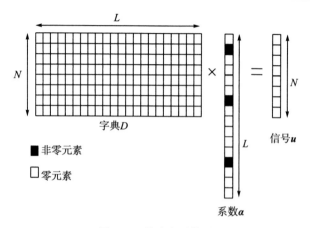

图 1.2　稀疏表示模型

$$\min\|\boldsymbol{u} - D\boldsymbol{\alpha}\|_2^2 \quad \text{s.t.} \quad \|\boldsymbol{\alpha}\|_0 \leqslant M \tag{1.5}$$

其中，M 为非零系数的个数。

针对上述稀疏表示的数学模型，需要重点解决以下两个问题：

(1)如何构建最有效的信号稀疏以表示所必需的冗余字典？

(2)如何高效准确地求解稀疏分解的系数 α？

3. 稀疏表示字典设计

计算机视觉、模式识别、数据压缩等领域的专家们一直在追寻客观实体的稀疏表示方法。通常，图像信号本身在空间域是非稀疏的，但是在特定原子函数集或变换矩阵下的分解系数有可能是稀疏的。稀疏表示理论体系中的一个重要问题就是字典的构建，字典的性能决定着信号表示系数最终的稀疏程度。字典中原子与信号自身的结构越匹配，分解系数的稀疏程度越高。傅里叶变换矩阵能够对平稳信号执行最优的匹配，而实际应用的信号一般都是非平稳的随机信号，小波变换的出现弥补了傅里叶变换的缺陷。小波变换能对信号进行多尺度的时频分析，对一维的非平稳信号具有更优秀的逼近能力。然而，由一维小波张成的可分离二维小波仅限于四个方向(0°、45°、90°、135°)，对各向异性特征(轮廓、边缘等)的表示能力极其有限。显然，用方向各异的线来描述图像的结构，相比用各向同性的点来说，是简洁与稀疏的。事实上正是如此，由于高维空间中普遍存在线或者面奇异的函数，从而推动了多尺度几何分析理论的发展。但是，多尺度几何分析虽能高效地表示图像的轮廓、边界等高维奇异，却仍然难以对纹理信息丰富的图像产生高效的稀疏表示。

神经生理学的研究发现，哺乳生物的视觉神经元感受也满足带通性、方向性、局部化的特性，仅需要少量的神经元就可捕捉到自然实体的关键信息，形成最稀疏的表示。在图像处理领域，带通性表现为图像的多尺度与多分辨率分析，可以由粗到细地对图像进行逼近；局部性表现为变换矩阵的基函数所代表的支撑区域是有限的；方向性体现在基函数构成的支撑区域的形态与方向上。综上所述，理想的图像表示模型应该满足以下条件[31]。

(1)多分辨率：能够从低分辨率到高分辨率连续逼近图像，从而进行多尺度分析，有效描述图像中各个尺度的结构。

(2)时频局部化：表示方法的原子在空间或者频率平面上形成的支撑域是有限的，便于对图像进行时频联合分析。

(3)多方向性：原子应具有尽可能多的方向，具有更精确的方向分辨率，可以匹配图像中多个方向的几何结构。

(4)各向异性：原子形成的支撑区域是长条状等非中心对称形状，可以更好地匹配图像的边缘轮廓等局部结构。

事实上，现有的变换矩阵通常都满足正交性，这些系统只能对某一类特定结构产生最优表示。然而，自然图像是由多个形态结构组成的复杂信号，如点、轮廓、纹理等。为了对尽可能多的几何结构均产生稀疏表示，有必要增加原子的个数以构成一个过完备的字典。此外，冗余系统在提高稀疏系数稀疏度的同时也提升了系统的鲁棒性，使其对噪声的敏感度降低。目前冗余字典的构造方法主要有以下几种。

(1)直接利用现存的正交基、多尺度几何分析等数学工具构造稀疏表示字典，优点是变换和反变换的速度快，缺点是不能对图像信号产生充分的稀疏表示。

(2)正交基、(紧)框架系统可以两两组合，生成字典。为了与图像中形态各异的局部结构相吻合，要求基和框架之间应该具备类内的强稀疏性和类间的强不相关性，从而可以产生稀疏度较高的表示。鉴于正交基和框架分解与重建的快速运算，可以在分解系数的稀疏度和分解算法的复杂度间取得很好的折中，尤其是两个正交基的组合。这种生成冗余字典的方法在图像处理领域得到大范围的应用。

(3)针对特定目标的应用，可基于机器学习算法获取稀疏表示所必需的字典[33,34]，如 CNDL-FOCUSS、K-SVD(K-singular value decomposition)等算法。这类方法通过给定一定数量的训练样本集，学习出针对此样本集的专用稀疏表示字典。该字典可以对同类型的其他样本实现最优的稀疏表示。与前面的构造方法相比，针对特定的数据类型，如人脸、掌纹等，学习得到的字典可以生成稀疏度更高的稀疏表示，但缺点是计算的复杂度比较高。

(4)根据图像中局部结构的几何形态差异，设计与之相匹配的参数生成函数。函数中的各个参数可产生不同尺度、方向的一系列原子，由这些原子生成过完备字典，可以对图像中方向、尺度各异的结构生成有效的表示，该方式构造的典型字典包括多尺度高斯字典、各向异性 AR-Gauss 混合字典[35]等。

纵观稀疏表示理论体系的发展，稀疏表示所必需的字典经历了从非冗余的正交完备基过渡到冗余的过完备字典的发展历程。过完备字典能对图像信号等产生更稀疏的表示，并且这种表示方式相对其他方式具有更加明显的物理意义。同时，过完备字典提升了模型的抗干扰能力和鲁棒性。但是，冗余系统下的稀疏求解过程是一个非线性的过程，时间复杂度较高。因此，稀疏字典的设计必须在系数的稀疏度和分解算法的时间复杂度间取一个适当的折中。

4. 稀疏分解算法

稀疏分解是稀疏表示理论体系的核心问题，该问题是否能有效地解决直接影响稀疏表示理论在实际问题中的应用。然而，在冗余过完备字典下获取最优的稀疏分解系数是一个不易解决的数学难题。通过对稀疏表示理论的阐述，在系数表述模型中需要求解 L_0 范数。但是 L_0 范数不是凸的，在字典矩阵冗余的前提下，获取信号稀疏分解系数被证明是一个组合搜索的 NP-Hard 问题[36]，需要采用所谓的次优逼近求解算法。目前，逼近算法大致可分为基于凸松弛理论的分解算法和基于贪心追踪理论的分解算法。下面对代表算法进行简要介绍。

1)凸松弛算法

凸松弛算法的基本思想就是用凸的或者更易于求解的稀疏衡量函数取代非凸的 L_0 范数，或者变换为凸规划或者非线性规划问题来迫近原来的问题。变换后的问题可以使用某种现有的优化算法求解，降低了问题的时间复杂度。通常，凸松弛算法将 L_0 范数替换为 L_1 范数的，稀疏表示的模型转化成如下的形式：

$$\min\|\boldsymbol{\alpha}\|_1 \quad \text{s. t.} \quad \boldsymbol{u} = \sum_{r=0}^{L} \boldsymbol{\alpha}_r \boldsymbol{\varphi}_r \tag{1.6}$$

上式是一个凸优化问题，可以采用现有的优化算法进行高效的求解。如图 1.3 所示，形象地阐述了这种转换的合理性。

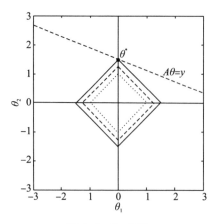

图 1.3　L_1 范数

与 L_0 范数约束条件下的问题相似，L_1 范数约束条件下含噪信号的稀疏表示模型可表示为

$$\min \| \boldsymbol{\alpha} \|_1 \quad \text{s. t.} \quad \| u - D\boldsymbol{\alpha} \|_2 \leqslant \varepsilon \tag{1.7}$$

式(1.7)的一种等价形式为

$$\min \| \boldsymbol{u} - D\boldsymbol{\alpha} \|_2^2 + \lambda \| \boldsymbol{\alpha} \|_1 \tag{1.8}$$

其中 λ 为正数。Evgeniou 等[37]提出将 L_0 范数替换为 L_1 范数，可以使用线性规划问题中的内点优化算法求解式(1.8)，并设计了经典的基追踪(base pursuit，BP)算法。随着压缩感知理论的进步，许多学者进一步研究了 L_1 范数问题，文献 [38] 利用梯度投影算法，结合 Barzilai-Borwein 算法将 L_1 范数的正则化问题转变为块约束条件下的二次方程优化问题，提出了一种基于梯度投影的稀疏重构(gradient projection for sparse reconstruction，GPSR)算法，收敛速度得到明显提高。

2)贪婪算法

贪婪算法的理论基础就是每次迭代都选取一个局部最优解来逐渐逼近原信号。Mallat 和 Zhang 在 1993 年首次提出了匹配追踪(matching pursuit，MP)的概念，MP 算法在每一轮迭代过程中选取字典 D 中与信号的相关性最大的基向量来稀疏逼近原信号，并计算得到重构信号和原信号的残差，之后从字典 D 中选取与残差最匹配的基向量。经过数次迭代之后，就可以用基向量的组合来线性表示原信号。但是，由于无法保证基向量的正交性，需要经过多次迭代才能获得收敛的最优解。基于上述原因，人们在匹配追踪算法的基础上做了进一步改进，提出著名的正交匹配追踪(orthogonal matching pursuit，OMP)算法[39]。OMP 算法选取字典 D 中与信号的相关性最大的原子正交投影到已被选中的原子所张成的投影空间中，接着重新计算重构误差，反复执行上述操作直至算法收敛。OMP 算法减少了迭代次数，且降低了算法的时间复杂度。由于 OMP 算法是当前稀疏分解的常用算法，故将 OMP 的算法过程概括如下：

算法：正交匹配追踪算法

设输入信号为 x，字典为 D，稀疏分解系数为 $\boldsymbol{\alpha}$。

初始化：$\Omega_0 = \varnothing$(空集)，$\boldsymbol{r} = x$，$\boldsymbol{\alpha} = 0$，迭代次数为 k，迭代直至满足收敛的条件：

(1)从字典 D 中选取与信号残差相关度最高的第 n_k 个原子，

$$n_k = \arg\max | < \boldsymbol{d}_l, \ \boldsymbol{r}_{k-1} > |, \quad \Omega_k = \Omega_{k-1} \cup \{ n_k \}$$

(2)在选择原子张成的空间中，计算稀疏分解系数

$$\boldsymbol{\alpha}_k = \arg\min \| x - D_{\Omega_k} \boldsymbol{\alpha}_k \|_2^2$$

(3)更新信号残差

$$\boldsymbol{r}_k = x - D_{\Omega_k} \boldsymbol{\alpha}_k, \ k \leftarrow k + 1$$

后来，许多研究学者在 MP 和 OMP 的基础上对贪婪算法做了不同程度的改进，如正则化正交匹配追踪优化（regularized orthogonal matching pursuit，ROMP）算法、分段正交匹配追踪优化（stage wise OMP，StOMP）算法、压缩采样匹配追踪优化（compressive sampling matching pursuit，CoSaMP）算法等。除了上述两类算法以外，相关研究人员也提出了许多其他的稀疏分解优化算法，如稀疏贝叶斯优化算法、组合优化算法等。如果读者对这些算法感兴趣，可以自行查阅相关的资料，此处不再作详细的阐述。

1.4.2　支持向量机相关理论

随着统计学习理论的逐渐成熟，Vapnik 等在 1995 年提出基于统计学 VC 维理论和结构风险最小化原理的 SVM(support vector machine)[40]。SVM 在解决小样本、非线性、高维度模式识别情况下具有很大优势，利用有限的已知样本所训练的分类器能够在泛化能力和结构复杂性间寻求最优平衡。

1. 统计学习理论

1）VC 维

VC 维（vapnik-chervonenkis dimension）由 Vapnik 和 Chervonenkis 提出[40]。在模式识别领域中，VC 维的定义为：如果存在一个含有 h 个样本的样本集，这些样本的所有 2^h 种形式能够被一个指示函数集 $f(x，w)$ 分开（其中 $w \in \Omega$ 为函数的广义参数），则称这个函数集能把 h 个样本打散。若这个函数不能将 $h+1$ 个样本打散，则该函数集的 VC 维为 h，即它能打散的最大样本数目。如果函数集可以打散任意数目的样本，则该函数集的 VC 维为无穷大。

VC 维表示的是函数集（学习机器）的学习能力，VC 维越大，代表学习机器的学习能力越强，其结构一般越复杂。对于学习机器，这里存在一个矛盾关系，学习能力强的机器可以得到更加复杂精细的分类面，但学习过程中包含了数据集中过多的特殊细节部分，致使学习机器的推广能力较低。

2）推广性的界

推广性的界也称为泛化误差界，它指的是统计学习理论中真实风险的上界。真实风险由两部分组成：经验风险和置信风险。经验风险表示学习机器对已知样本的误差，置信风险表示学习机器对未知样本分类结果的信任程度。经验风险可以准确计算，但置信风险只能估计一个区间，所以真实风险只能得到一个上界。其计算公式为

$$R_{\text{real}}(w) \leqslant R_{\text{emp}}(w) + R_{\text{bel}}\left(\frac{l}{h}\right) \tag{1.9}$$

其中，$R_{\text{real}}(w)$、$R_{\text{emp}}(w)$、$R_{\text{bel}}(l/h)$分别表示真实风险、经验风险、置信风险；h 为 VC 维；l 为训练样本数目。上式中，置信范围 R_{bel} 由 VC 维 h 和样本数目 l 共同决定，与 l/h 呈单调递减关系。当 l/h 较大时，对应较小的置信范围，应用经验风险最小化准则可以非常接近真实风险，求得的最优解接近实际的最优解；当 l/h 较小时，对应较大的置信范围，采用经验风险最小化准则得到的最优解与实际的最优解偏差较大，推广性能较差。

3）结构风险最小化

经验风险最小化是神经网络等多数模式识别算法所采用的风险评估准则。由推广性的界可知，只有当训练样本数目趋向于无穷时，置信范围接近无穷小，经验风险接近真实风险，然而事实上训练样本往往是有限的。在有限样本情况下，即样本数目 l 一定时，VC 维越高，置信范围越大，经验风险与真实风险的差别愈大，此时学习机器的结构复杂度很高，就出现了过学习的现象。对于一定的训练样本数目 l，结构风险最小化（structure risk minimization，SRM）在保证给定样本的分类精度（减小经验风险）的同时，降低学习机器的 VC 维（减小置信空间），使学习机器在整个样本集上的真实风险达到最低[41]。其思想为，将函数集 $S = \{f(x, w) \mid w \in \Omega\}$ 分解为一系列逐层包含的子函数集：

$$S_1 \subset S_2 \subset \cdots \subset S_i \subset S_{i+1} \subset \cdots \subset S \tag{1.10}$$

将各个函数集按照置信范围的大小（即 VC 维的大小）进行排列：

$$h_1 \leqslant h_2 \leqslant \cdots \leqslant h_i \leqslant h_{i+1} \leqslant \cdots \leqslant h \tag{1.11}$$

结构风险最小化，就是通过构建一组嵌套的函数子集，使其 VC 维由内而外依次递增，然后找到经验风险和置信范围之和最小的函数子集，即可求得真实风险的最小上界，如图 1.4 所示。

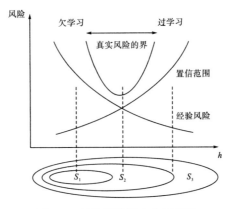

图 1.4　结构风险最小化示意图

　　基于结构风险最小化准则的统计学习理论致力于研究有限样本情况下的模式识别问题，为更优的机器学习方法奠定良好的理论基础。SVM 以该理论为基础，在处理小样本问题时表现良好的性能。

2. 支持向量机模型

　　SVM 通过找到最优分类面实现对样本集的分类，样本集根据其分布特点可分为线性可分、近似线性可分、非线性三种情况。对于线性可分情况，通过最大化分类超平面间的距离间隔，获取最优分类超平面；对于近似线性可分情况，引入松弛变量，在允许部分样本处于分类间隔内的折中下获取广义最优分类超平面。以上两种情况均属于线性情况，训练线性 SVM 即可。但现实生活中，样本分布多为复杂的非线性情况，此时需要引入核函数，将样本从低维空间映射到高维空间，从而在高维空间实现线性可分或近似线性可分。下面以二分类问题为例对三种分类情况进行介绍，之后对多分类支持向量机进行阐述。

　　1）最优分类面

　　A. 线性可分情况

　　线性可分情况是最简单的分类情况，对于线性可分的两类样本，最优分类原理如图 1.5 所示，图中圆形（$y_i = 1$）和方形（$y_i = -1$）代表两类不同的样本，H 为分类超平面将两类样本进行划分。超平面在一维空间表现为一个点，在二维空间中表现为一条直线，在三维空间中表现为一个平面，高维空间中为超平面，我们将它们统称为超平面。H_1、H_2 为平行于 H，分别过两类中离 H 最近样本的超平面，两者之间的垂直距离叫做分类间隔（margin）。

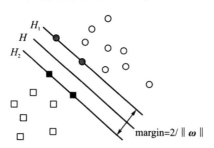

図 1.5　线性可分最优分类面示意图

　　线性 SVM 的分类超平面 H 为

$$\boldsymbol{\omega} \cdot \boldsymbol{x}_i + b = 0 \tag{1.12}$$

给定样本集 $\{\boldsymbol{x}_i, y_i\}_{i=1}^{l}$（$l$ 为样本数目），其中样本集 $X = \{\boldsymbol{x}_1, \boldsymbol{x}_2, \cdots, \boldsymbol{x}_l, \boldsymbol{x}_i \in \boldsymbol{R}^n\}$（$n$ 为样本向量的特征维数），类别标签 $y_i \in \{-1, +1\}$，H 两边的样本分别满足

$$\boldsymbol{\omega} \cdot \boldsymbol{x}_i + b \geqslant 0, \quad y_i = +1 \tag{1.13}$$

$$\boldsymbol{\omega} \cdot \boldsymbol{x}_i + b < 0, \quad y_i = -1 \tag{1.14}$$

则分类超平面的决策函数为

$$f(\boldsymbol{x}) = \mathrm{sgn}((\boldsymbol{\omega} \cdot \boldsymbol{x}) + b) \tag{1.15}$$

当 $f(\boldsymbol{x}) = 1$ 时，判定测试样本 x 属于正类；当 $f(\boldsymbol{x}) = -1$ 时，判定 x 属于负类。

H_1 和 H_2 两个超平面为

$$H_1: \quad \boldsymbol{\omega} \cdot \boldsymbol{x}_i + b = 1 \tag{1.16}$$

$$H_2: \quad \boldsymbol{\omega} \cdot \boldsymbol{x}_i + b = -1 \tag{1.17}$$

H_1、H_2 两边的样本分别满足

$$\boldsymbol{\omega} \cdot \boldsymbol{x}_i + b \geqslant 1, \quad y_i = +1 \tag{1.18}$$

$$\boldsymbol{\omega} \cdot \boldsymbol{x}_i + b < -1, \quad y_i = -1 \tag{1.19}$$

将式(1.18)和式(1.19)进行合并得到两类样本要满足的统一条件：

$$y_i [(\boldsymbol{\omega} \cdot \boldsymbol{x}_i) + b] - 1 \geqslant 0 \tag{1.20}$$

由式(1.20)确定的能正确将样本集分类的超平面有无数个，而最优分类面只有一个。Vapnik 证明分类间隔与 VC 维成反比关系，分类间隔最大则 VC 维最小，进而使得泛化误差界中置信风险范围最小。由结构风险最小化准则可知，实现样本集的准确分类是为了确保经验风险最小；而分类间隔最大则是为了置信风险最小，最终达到真实风险最小，所以最优分类面不仅要求将两类样本准确分类，而且应使分类间隔最大，其中分类间隔定义为

$$\mathrm{margin} = \min_{\{i | y_i = 1\}} \frac{\boldsymbol{\omega} \cdot \boldsymbol{x}_i + b}{\|\boldsymbol{\omega}\|} - \max_{\{i | y_i = -1\}} \frac{\boldsymbol{\omega} \cdot \boldsymbol{x}_i + b}{\|\boldsymbol{\omega}\|} = \frac{2}{\|\boldsymbol{\omega}\|} \tag{1.21}$$

最大化分类间隔 $2/\|\boldsymbol{\omega}\|$，即最小化 $\|w\|$，为了方便求解，等价于最小化 $\frac{1}{2}\|\boldsymbol{\omega}\|^2$，所以最优分类面的目标函数和约束条件为

$$\min \frac{1}{2}\|\boldsymbol{\omega}\|^2 \quad \mathrm{s.t.} \quad y_i[(\boldsymbol{\omega} \cdot \boldsymbol{x}_i) + b] - 1 \geqslant 0, \quad i = 1, 2, \cdots, l \tag{1.22}$$

该问题为一个二次规划问题，可以利用 Lagrange 函数对其求解：

$$L(\boldsymbol{\omega}, b, \alpha) = \frac{1}{2}\|\boldsymbol{\omega}\|^2 - \sum_{i=1}^{l} \alpha_i \{y_i[(\boldsymbol{\omega} \cdot \boldsymbol{x}_i) + b] - 1\} \tag{1.23}$$

其中 a_i 为 Lagrange 乘子，满足 $a_i \geqslant 0$。分别对 $L(\boldsymbol{\omega}, b, \alpha)$ 中 $\boldsymbol{\omega}$ 和 b 求偏导得

$$\frac{\partial L}{\partial w} = 0 \quad \Rightarrow \quad \boldsymbol{\omega} = \sum_{i=1}^{l} \alpha_i y_i \boldsymbol{x}_i \tag{1.24}$$

$$\frac{\partial L}{\partial b} = 0 \quad \Rightarrow \quad \sum_{i=1}^{l} \alpha_i y_i = 0 \tag{1.25}$$

将式(1.24)、式(1.25)代入式(1.23)，则式(1.22)可转化为其对偶问题：

$$\min \quad L(\alpha) = -\sum_{i=1}^{l} \alpha_i + \frac{1}{2}\sum_{i=1}^{l}\sum_{j=1}^{l} \alpha_i \alpha_j y_i y_j (\boldsymbol{x}_i \cdot \boldsymbol{x}_j)$$

$$\text{(1.26)}$$

$$\text{s. t.} \quad \sum_{i=1}^{l} \alpha_i y_i = 0, \quad \alpha_i \geqslant 0, \quad i=1,2,\cdots,l$$

通过求解该极值问题可得到 α_i，根据 KKT（karush-khn-tucker）互补条件[42]，α_i 必须满足

$$\alpha_i \{y_i [(\boldsymbol{\omega} \cdot \boldsymbol{x}_i) + b] - 1\} = 0 \tag{1.27}$$

由式(1.27)可以看出，只有当 $a_i \neq 0$，$y_i [(\boldsymbol{\omega} \cdot \boldsymbol{x}_i) + b] - 1 = 0$，即 $a_i \neq 0$ 对应的样本位于分类面上时，为支持向量。由 α_i 可以求得

$$\boldsymbol{\omega} = \sum_{i=1}^{m} y_i \alpha_i \boldsymbol{x}_i^{\sharp} \tag{1.28}$$

$$b = -\frac{1}{2}\sum_{i=1}^{m} y_i \alpha_i \boldsymbol{x}_i^{\sharp}(\boldsymbol{x}_+^{\sharp} + \boldsymbol{x}_-^{\sharp}) \tag{1.29}$$

其中，$\boldsymbol{x}_+^{\sharp}$ 表示任意一个正类支持向量；$\boldsymbol{x}_-^{\sharp}$ 表示任意一个负类支持向量；m 为支持向量 $\boldsymbol{x}_i^{\sharp}$ 的个数。将式(1.28)、式(1.29)代入式(1.15)，即可得到最优分类超平面的决策函数：

$$f(\boldsymbol{x}) = \mathrm{sgn}((\boldsymbol{\omega} \cdot \boldsymbol{x}) + b) = \mathrm{sgn}\left(\sum_{i=1}^{m} \alpha_i y_i (\boldsymbol{x}_i^{\sharp} \cdot \boldsymbol{x}) + b\right) \tag{1.30}$$

B. 近似线性可分情况

当两样本集存在重叠时，不能获得完全正确分类的超平面，总存在少数样本被错误分类，这种线性不可分情况被认为是近似线性可分情况，如图 1.6 所示。

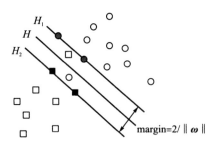

图 1.6　近似线性可分最优分类面示意图

对于这种情况，通过引入松弛变量 ξ_i，$i=1,2,\cdots,l$，允许部分样本落在 H_1 与 H_2 之间而不改变最优分类超平面，使经验风险和置信风险进行折中，达到最小的真实风险，获得广义最优分类超平面。此时的约束条件为

$$y_i [(\boldsymbol{\omega} \cdot \boldsymbol{x}_i) + b] - 1 + \xi_i \geqslant 0 \tag{1.31}$$

可以看出，通过引入松弛变量，使得最优分类面不必因这些特殊点而变化，从而

得到最大分类间隔，但同时必然会给整体分类精确度带来影响，因此通过自惩罚因子 C 对这种容错加以控制，从而使最终的目标函数和约束条件为

$$\min \qquad \frac{1}{2}\|\boldsymbol{\omega}\|^2 + C\sum_{i=1}^{l}\xi_i \tag{1.32}$$

$$\text{s. t.}\quad y_i[(\boldsymbol{\omega}\cdot\boldsymbol{x}_i)+b]-1+\xi_i\geqslant 0,\quad \xi_i\geqslant 0,\quad i=1,2,\cdots,l$$

其中，$C>0$ 用来控制分类间隔和允许错分样本数目之间的折中，C 越大表示对容错的惩罚越大，允许错分的样本越少。式(1.32)所对应的对偶问题为

$$\min \qquad -\sum_{i=1}^{l}\alpha_i + \frac{1}{2}\sum_{i=1}^{l}\sum_{j=1}^{l}\alpha_i\alpha_j y_i y_j (\boldsymbol{x}_i\cdot\boldsymbol{x}_j) \tag{1.33}$$

$$\text{s. t.}\quad \sum_{i=1}^{l}\alpha_i y_i = 0,\quad 0\leqslant\alpha_i\leqslant C,\quad i=1,2,\cdots,l$$

求解式(1.33)得到 α_i，与线性可分情况不同的是，α_i 的取值范围缩小为 $0\leqslant\alpha_i\leqslant C$，KKT 互补条件要求

$$\alpha_i\{y_i[(\boldsymbol{\omega}\cdot\boldsymbol{x}_i)+b]-1+\xi_i\} = 0 \tag{1.34}$$

$$\xi_i(\alpha_i-C) = 0 \tag{1.35}$$

由式(1.34)可知，只有当 $\alpha_i\neq 0$ 时，样本才有可能位于分类面上成为支持向量；由式(1.35)可知，只有当 $\alpha_i=C$ 时，松弛变量 $\xi_i\neq 0$，所以 $\alpha_i=C$ 对应的样本为折中样本。综上两个条件可知：$\alpha_i=0$ 对应分类间隔之外的样本，$0<\alpha_i<C$ 对应的样本为支持向量，$\alpha_i=C$ 对应分类间隔之间的样本。

C. 非线性情况

在现实生活中，数据纷杂多样，所以大部分情况都属于非线性分类问题。利用线性策略对其进行分类，会造成经验风险很大，错分大量样本。SVM 通过引入特殊的函数将输入样本集从低维空间的非线性不可分情况映射到高维空间的线性可分或近似线性可分情况，如图 1.7 所示；然后在高维空间利用线性策略找到最优分类超平面，最后将高维空间的线性最优分类超平面反映回低维空间，得到最终的非线性分类面。

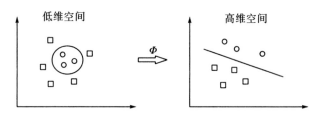

图 1.7　低维空间到高维空间的变换

利用映射函数将输入样本从低维转换至高维：

$$x \rightarrow \Phi(x) \tag{1.36}$$

则同式(1.33)类似，此时的对偶问题为

$$\min \quad -\sum_{i=1}^{l} \alpha_i + \frac{1}{2} \sum_{i=1}^{l} \sum_{j=1}^{l} \alpha_i \alpha_j y_i y_j (\Phi(x_i) \cdot \Phi(x_j))$$

$$\text{s. t.} \quad \sum_{i=1}^{l} \alpha_i y_i = 0, \quad 0 \leqslant \alpha_i \leqslant C, \quad i = 1, 2, \cdots, l \tag{1.37}$$

该对偶问题需要在高维空间解决最优问题，而此时的维数会很多，可能产生"维数灾难"。对比式(1.33)和式(1.37)，可以发现两者的不同之处仅在于 $x_i \cdot x_j$ 变为 $\Phi(x_i) \cdot \Phi(x_j)$ 的内积运算。所以我们可以不关心非线性映射 $\Phi(x_i)$、$\Phi(x_j)$ 的值，而只求得两者在高维空间的内积。SVM 利用核函数直接在低维空间计算高维空间的内积，避免复杂的非线性映射处理，即

$$K(x_i, x_j) = \Phi(x_i) \cdot \Phi(x_j) \tag{1.38}$$

该函数要满足 Mercer 条件[42]。下面是 4 种常见的核函数：

（1）线性核函数：

$$K(x_i, x_j) = x_i^{\mathrm{T}} x_j$$

（2）多项式核函数：

$$K(x_i, x_j) = (x_i^{\mathrm{T}} x_j + 1)^{\mathrm{d}}$$

（3）径向基核函数：

$$K(x_i, x_j) = \exp\left(-\frac{\|x_i - x_j\|^2}{2\sigma^2}\right)$$

（4）Sigmoid 核函数：

$$K(x_i, x_j) = \tanh(\beta_0 x_i \cdot x_j + \beta_1)$$

通过应用核函数，式(1.37)变为

$$\min \quad -\sum_{i=1}^{l} \alpha_i + \frac{1}{2} \sum_{i=1}^{l} \sum_{j=1}^{l} \alpha_i \alpha_j y_i y_j K(x_i, x_j)$$

$$\text{s. t.} \quad \sum_{i=1}^{l} \alpha_i y_i = 0, \quad 0 \leqslant \alpha_i \leqslant C, \quad i = 1, 2, \cdots, l \tag{1.39}$$

最终的分类面决策函数为

$$f(x) = \mathrm{sgn}((\boldsymbol{\omega} \cdot x) + b) = \mathrm{sgn}\left(\sum_{i=1}^{m} \alpha_i y_i K(x_i^{\#}, x) + b\right) \tag{1.40}$$

2）多类支持向量机

SVM 是一种典型的二分类器，它只能解决正类、负类的区分问题，而现实生活中所遇到的大多为多类问题。比如本书要讨论的云分类应用研究，就需要将云图数据分为 5 类，为多分类问题，要构造多类 SVM。目前，多类 SVM 的构造

方法主要有以下三种。

A. 一对多

利用一对多方法训练 SVM 时，每次仍然求解一个二分类问题。假设有 N 类样本，依次将其中 1 类看成正类，将剩余 $N-1$ 类全部看成负类构造二类分类器，这样对于 N 类的样本集要构造 N 个二类分类器。测试时输入样本依次用训练好的 N 个二分类器进行判别，若样本属于某类，则判别停止。

一对多法结构简单，但是容易造成不可分现象，即遍历完 N 个二类分类器都不能找到其所属类别，此时无论将样本判别给哪一类都存在较大风险。如图 1.8 所示，针对三类问题采用"一对多"法得到的三个二分类超平面，位于各超平面相交产生的中心三角区域内的样本将无法做出判别。

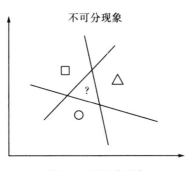

图 1.8 不可分现象

B. 一对一

一对一法从 N 类样本集中依次取出两类样本构造一个分类器，因此需训练 $C_N^2 = N(N+1)/2$ 个二类分类器。测试时输入样本依次利用训练好的所有分类器进行判别，判别结果标号保留。当遍历完所有分类器时，统计分类结果标号，最后根据最大票数原则将样本判给标号最多的那个类。

一对一法存在重叠现象，即出现多个类别得到的标号数一致，这种现象将样本赋予排列在前的类别。一对一方法不会出现不可分现象，同时算法实现简便，缺点是当类别数目大时，需要构造的二类分类器过多。

C. 决策树

基于决策树的多分类 SVM 将多类问题逐层细分为一些二分类问题，并将各个分类器分布于一个二叉树节点上。对于一个四分类问题，决策树算法[43]如图 1.9 所示。

决策树的根节点将 4 类样本标记为正类 {1，2} 和负类 {3，4} 进行二分类，得到左子树和右子树，然后逐级下降，用同样的方法将左子树、右子树标记为正负两类进

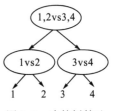

图 1.9 决策树算法

行分类，最终遍历叶子节点，分类完毕。决策树算法运算速度快，且不存在不可分和重叠现象。但若根节点处两子集可分性较差，致使分类错误，则下面各层分类器都存在这种错误累积现象。

3. 模糊支持向量机相关理论

模糊技术能有效地处理事物内在的不确定性，且对噪声不敏感，可以利用不确定的方式来实现对复杂系统的描述。由于传统 SVM 易受噪声野值影响，分类超平面会向噪声野值偏移，如图 1.10(a)所示。为了解决该问题，Lin Chunfu 等提出模糊支持向量机(FSVM)，FSVM 通过引入模糊隶属度 s_i 来表示不同的样本 $\boldsymbol{x}_i$ 对所属类别的从属程度，以克服噪声野值对分类面的影响，如图 1.10(b)所示。

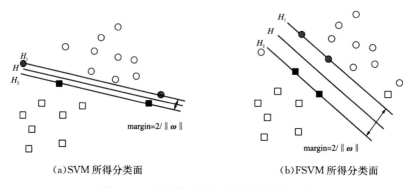

(a)SVM 所得分类面　　　　　　　　　(b)FSVM 所得分类面

图 1.10　SVM 与 FSVM 最优分类面对比

对于模糊样本集：$\{\boldsymbol{x}_i, y_i, s_i\}_{i=1}^l$ 和核函数 $K(\boldsymbol{x}_i, \boldsymbol{x}_j)$，其中隶属度 $s_i \in (0, 1]$，FSVM 优化问题和约束条件如下：

$$\min \qquad \frac{1}{2}\|\boldsymbol{\omega}\|^2 + C\sum_{i=1}^l s_i\boldsymbol{\xi}_i \tag{1.41}$$

$$\text{s.t.} \quad y_i[(\boldsymbol{\omega} \cdot \boldsymbol{x}_i) + b] - 1 + \boldsymbol{\xi}_i \geqslant 0, \quad \boldsymbol{\xi}_i \geqslant 0, \quad i = 1,2,\cdots,l$$

由式(1.41)可以看出，FSVM 通过作用惩罚因子 C，使具有不同隶属度的样本在训练过程中起到不同的作用，s_i 越大，对应的样本越重要，分类错误的惩罚越大，就不易分错。对于噪声野值等干扰样本，通过赋予较小的隶属度来降低这些样本的作用。将式(1.41)转化为其对偶问题：

$$\min \qquad -\sum_{i=1}^l \alpha_i + \frac{1}{2}\sum_{i=1}^l\sum_{j=1}^l \alpha_i\alpha_j y_i y_j K(\boldsymbol{x}_i,\boldsymbol{x}_j) \tag{1.42}$$

$$\text{s.t.} \quad \sum_{i=1}^l \alpha_i y_i = 0, \quad 0 \leqslant \alpha_i \leqslant s_i C, \quad i = 1,2,\cdots,l$$

与近似线性可分情况相似，求得 Lagrange 乘子 α_i。$\alpha_i = 0$ 对应分类间隔之外的样本，$0<\alpha_i<s_iC$ 对应的样本为支持向量，$\alpha_i=s_iC$ 对应分类间隔之间的样本。

从上面可以看出，采用 FSVM 时，隶属度函数的设计是关键，下面对几种传统的隶属度函数进行介绍。

1）线性隶属度函数

该种方法将样本的隶属度看成特征空间中样本与类中心距离的线性函数，给定样本集 $X=\{x_1,x_2,\cdots,x_l,x_i\in \boldsymbol{R}^n\}$，则类中心为

$$\bar{x}=\frac{\sum\limits_{i=1}^{l}x_i}{l} \tag{1.43}$$

类半径为

$$r=\max_i\|x_i-\bar{x}\|_2 \tag{1.44}$$

隶属度函数为

$$s_i=1-\frac{\|x_i-\bar{x}\|_2}{r}+\varepsilon \tag{1.45}$$

其中，ε 为大于 0 的任意小的常数，以避免 $s_i=0$。

2）S 型隶属度函数

线性隶属度函数根据样本到类中心距离远近，赋予隶属度的大小，即距离越近，隶属度越大。但实际上样本的隶属度与距离并不是简单的线性关系，线性关系中正常样本的隶属度衰减太快，不能反映出正常样本与噪声野值的区别，文献 [44] 对标准 S 型函数进行改造，得到 S 型隶属度函数：

$$s_i=\begin{cases}1, & \|x_i-\bar{x}\|_2\leqslant a \\ 1-2\left(\dfrac{\|x_i-\bar{x}\|_2-a}{c-a}\right)^2, & a<\|x_i-\bar{x}\|_2\leqslant b \\ 2\left(\dfrac{\|x_i-\bar{x}\|_2-c}{c-a}\right)^2, & b<\|x_i-\bar{x}\|_2\leqslant c \\ 0, & \|x_i-\bar{x}\|_2>c\end{cases} \tag{1.46}$$

其中 a、b、c 为预设参数。在 S 型隶属度函数中，类中心附近的正常样本隶属度衰减慢，有较大的隶属度，在 b 点衰减速度最大，致使离类中心较远的样本有较小的隶属度，比线性隶属度函数更好地反映了隶属度与样本到类中心距离的关系。但其并没有找到正常样本与野值噪声之间的分界点，所以并没有对野值噪声进行很好的区分。

3）紧密度隶属度函数

线性和 S 型隶属度函数并没有对噪声野值等模糊信息很好地区别对待，不能有效地反映样本的不确定性。为了解决这些问题，文献 [45] 和 [46] 应用基于

紧密度的隶属度确定方法，既依据样本到所在类中心之间的距离，也考虑用紧密度表示样本之间的关系。如图 1.11 所示，图(a)和图(b)中样本 x 到各自类中心的距离一样，若只据此判断，那么两类中样本 x 的隶属度相同。但从两类样本的分布情况可知：图 1.11(b)中样本 x 是野值的可能性大于图 1.11(a)中样本 x，所以图 1.11(b)中样本 x 的隶属度应该小于图 1.11(a)中样本 x 的隶属度。

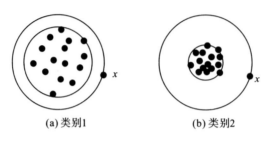

(a) 类别1　　　　　　　　　　(b) 类别2

图 1.11　不同紧密度的两类样本集

基于紧密度的隶属度函数，通过利用 SVDD 方法[47]找到包围正常样本的最小超球半径，来度量样本间紧密度，然后分别对球内、外的样本应用不同的隶属度计算公式，如式(1.47)所示。

$$
s_i = \begin{cases} 0.6 \times \left[\dfrac{1 - \dfrac{d(\boldsymbol{x}_i)}{R}}{1 + \dfrac{d(\boldsymbol{x}_i)}{R}} \right] + 0.4, & d(\boldsymbol{x}_i) \leqslant R \\[4mm] 0.4 \times \left[\dfrac{1}{1 + (d(\boldsymbol{x}_i) - R)} \right], & d(\boldsymbol{x}_i) > R \end{cases} \tag{1.47}
$$

其中，$d(\boldsymbol{x}_i)$ 为样本 $\boldsymbol{x}_i$ 到所在球心 O 的欧氏距离：

$$
d(\boldsymbol{x}_i) = \| \boldsymbol{x}_i - O \|_2 \tag{1.48}
$$

如图 1.11(b)所示，小圆即为得到的最小超球(此处为二维数据，所以最小超球为一个圆)。当 $d(\boldsymbol{x}_i) \leqslant R$ 时，表示这些样本属于该类的可能性大，用式(1.47)中上面的公式赋予较大隶属度；当 $d(\boldsymbol{x}_i) > R$ 时，表示样本 x 属于噪声野值的可能性大，用公式(1.47)中下面的公式赋予较小的隶属度。这样分别对超球内、外两种性质不同的样本应用不同的隶属度计算公式，能较好地对正常样本与噪声野值加以区分，从而降低噪声野值对分类面的影响。

1.5　本 章 小 结

本章阐述了开展卫星云图处理研究的意义及国内外研究现状，对 FY-2 和

MTSAT 两种静止卫星进行介绍，分析了可见光、红外、水汽等不同通道卫星云图的特点，指出了将稀疏表示及模糊支持向量机理论引入卫星云图处理的研究思路。同时，本章还介绍了稀疏表示的数学模型，指出字典的设计和分解算法是稀疏表示理论的难点，然后从稀疏字典的设计和稀疏分解算法两个方面对稀疏表示进行了分析；最后，本章对统计学习理论中的 VC 维、推广性的界、结构风险最小化理论进行阐述，并在此基础上对三种最优分类面、三种多类 SVM 模型进行介绍，同时，结合模糊集理论对 FSVM 模型进行了介绍，并给出三种传统的隶属度函数设计方法，从而奠定了卫星云图处理方法研究的理论基础。

参 考 文 献

［1］ 盛裴轩，毛节泰，李建国. 大气物理学. 北京：北京大学出版社，2003：522.

［2］ 上官伟. 基于内容的卫星云图处理与信息检索技术研究. 哈尔滨：哈尔滨工程大学，2008.

［3］ 上官伟，郝燕玲，卢志忠. 基于内容的卫星云图处理技术及其在海洋环境中的应用. 第四届军事海洋战略与发展论坛论文集，2007，11：587-595.

［4］ Ye X L, Ji W, Zhang Y C. Research and application of image fusion technology in meteorological satellite. Beijing, China：2007 International Conference on Wavelet Analysis and Pattern Recognition，2007：980-985.

［5］ 刘凯，寇正. 气象卫星夜间微光云图和红外云图的融合技术研究. 微型机与应用，2010，29（22）：31-33.

［6］ 杨贵军，柳钦火，刘强. 基于遗传自组织神经元网络的可见光与热红外遥感数据融合方法. 武汉大学学报(信息科学版)，2007，32(9)：786-790.

［7］ 符冉迪，金炜，叶明. 抗混叠轮廓波域采用压缩感知的云图融合方法. 光子学报，2011，40(6)：955-960.

［8］ Georgiev C G, Kozinarova G. Usefulness of satellite water vapour imagery in forecasting strong convection：a flash-flood case study. Atmospheric Research，2009，93(1-3)：295-303.

［9］ Ricciardelli E, Romano F, Cuomo V. Physical and statistical approaches for cloud identification using meteosat second generation-spinning enhanced visible and infrared imager data. Remote Sensing of Environment，2008，112(6)：2741-2760.

［10］ Li F, Jia X P, Fraser D, et al. Super resolution for remote sensing images based on a universal hidden markov tree model. IEEE Transactions on Geoscience and Remote Sensing，2010，48（3）：1270-1278.

［11］ Chang H, Yeung D Y, Xiong Y M. Super-resolution through neighbor embedding. IEEE Conference on Computer Vision and Pattern Classification(CVPR)，2004，1：275-282.

［12］ Bankert R I. Cloud classification of AVHRR imagery in maritime regions using a probabilistic neural network. Journal of Applied Meteorology，1994，33(8)：332-351.

［13］ Bankert R L, Aha D W. Improvement to a neural network cloud classifier. Journal of Applied Meteorology，1996，35(11)：2036-2039.

［14］ Romanatahn V, Rd C. The influence of various cloud to solar radiation. Science，1989，

243(5)：354-368.

[15] 杨澄，袁招洪，顾松山. 用多谱阈值法进行 GMS-5 卫星云图云型分类的研究. 南京气象学院学报，2002，25(6)：747-754.

[16] 王继光. 多光谱静止气象卫星云图的云类判别分析与短时移动预测. 国防科学技术大学博士学位论文，2007.

[17] Wang M，Song T. Remote sensing image retrieval by scene semantic matching. IEEE Trans. on Geo-science and Remote Sensing，2013，51(5)：2874-2886.

[18] Piedra-Fernandez J A，Ortega G，Wang J Z，et al. Fuzzy content-based image retrieval for oceanic remote sensing. IEEE Trans. on Geo-science and Remote Sensing，2014，52(9)：5422-5431.

[19] Niblack W，Zhu X. Updates to the QBIC system. Proceedings of the SPIE Conference on Storage and Retrieval for Image and Video Databases，1997，3312：150-161.

[20] Pentland A，Rosalind W，Stanley S. Photobook：content-based manipulation of image databases. International Journal of Computer Vision，1996，18(3)：233-254.

[21] 公明，曹伟国，李华. 形状和颜色混合不变量在图像检索中的应用. 中国图象图形学报，2013，18(8)：990-1003.

[22] 魏峰，王延涛. 基于内容的图像检索技术综述. 产业与科技论坛，2013，12(4)：66-68.

[23] Kitamoto A. The development of typhoon image database with content-based search. Tokyo：1st International Symposium on Advanced Informatics，2000：163-170.

[24] Deepak U. Content-based satellite cloud image retrieval. Indian Institute of Remote Sensing，2011.

[25] 刘正光，刘勇. 卫星云图数据库的研究. 计算机工程与科学，2001，23(3)：18-20.

[26] 上官伟. 基于内容的卫星云图处理与信息检索技术研究. 哈尔滨工程大学博士学文，2008.

[27] 李秀馨. 基于内容的卫星云图检索技术研究. 南京航空航天大学硕士学位论文，2013.

[28] 蒋尚城. 应用卫星气象学. 北京：北京大学出版社，2006：1-16.

[29] 国家卫星气象中心. 风云二号(02)批静止气象卫星数据格式 2005：1-4.

[30] Elad M，Aharon M. Image denoising via sparse and redundant representations over learned dictionaries. IEEE Transactions on Image Processing，2006，15(12)：3736-3745.

[31] 焦李成，谭山. 图像的多尺度几何分析：回顾和展望. 电子学报，2004，31(B12)：1975-1981.

[32] Mallat G. A theory for multi-resolution signal decomposition：the wavelet representation. IEEE Transactions on Pattern Analysis and Machine Intelligence，1989，11(7)：674-693.

[33] Elad M，Aharon M. Image denoising via sparse and redundant representations over learned dictionaries. IEEE Transactions on Image Processing，2006，15(12)：3736-3745.

[34] Murray J F，Kreutz-Delgado K. Learning sparse over complete codes for images. Journal of Signal Processing Systems，2006，45(1)：97-110.

[35] Yaghoobi M，Daudet L，Davies M. Parametric dictionary design for sparse coding. IEEE Transactions on Signal Processing，2009，106(12)：4800-4810.

[36] Natarajan B K. Sparse approximate solutions to linear systems. SIAM Journal on Computing，1995，24(2)：227-234.

[37] Evgeniou T，Pontil M. Regularized multi-task learning. In Proceedings of ACM Conference on Knowledge Discovery and Data Mining，2004，12(2)：109-117.

[38] Zhang M L，Zhou Z H. Multi-instance multi-label learning. Artificial intelligence，2012，176 (1)：2291-2320.

[39] J Tropp，A Gilbert. Signal recovery from random measurements via orthogonal matching pursuit. IEEE Transaction om Information Theory. 2007，53(12)：4655-4666.

[40] Vapnik V N. The Nature of Statistical Learing . New York：Springer-Verlag. 1995.

[41] 申富饶，徐烨，郑俊，等. 神经网络与机器学习. 北京：机械工业出版社，2011：1-16.

[42] 李国正，王猛，曾华军，等. 支持向量机导论. 北京：电子工业出版社，2004.

[43] Sungmoon C，Sang H O，Soo-Yong L. Support vector machines with binary tree achitecture for multi-class classfication. Neural Information Processing-Letters and Reviews，2004，2(3)：47-51.

[44] 张翔，肖小玲，徐光祐. 模糊支持向量机中隶属度的确定与分析. 中国图象图形学报，2006，11(8)：1188-1192.

[45] 张翔，肖小玲，徐光祐. 基于样本之间紧密度的模糊支持向量机方法. 软件学报. 2006，17(5)：951-958.

[46] An W J，Liang M G. Fuzzy support vector machine based on within-class scatter for classification problems with outliers or noises . Neurocomputing，2013，110(13)：101-110.

[47] Tax D，Duin R. Support vector data description . Machine Learning，2004，54(1)：45-66.

第 2 章　卫星云图预处理

考虑到卫星云图在获取和传输过程中会受到噪声的干扰，且又会发生数据缺失造成云图破损的情况，探索实际云图退化的可能原因，提出云图的降噪、修复等方法有利于云图的后续处理；考虑多种不同通道的云图对反映不同的天气信息各有侧重，所以运用图像融合技术，结合使用多通道的云图信息，比用单个通道更易获得准确的云图分析结果；考虑到不同通道云图空间及灰度分辨率的差异，运用超分辨率技术，实现空间及灰度分辨率的标准化转换也是云图预处理的主要内容，本章将运用图像稀疏表示理论，探索研究不同的云图预处理方法。

2.1　基于稀疏表示的卫星云图降噪算法

气象卫星云图相比传统的地面观测技术具有观测密度大、全天候等优势；利用卫星云图可以确定锋面、气旋、热带风暴等天气系统的位置、强度及发展趋势，从而帮助人们对气候、水文等情况进行分析及预测。然而，受图像探测器电子学热噪声、信道干扰等因素的影响，卫星云图在获取及传输的各个环节都可能受到噪声的污染；噪声的存在使所获云图的清晰度降低，同时使云图的空间分辨率下降，噪声水平不仅是衡量云图质量的一个重要参数，而且降低云图的噪声对后续的特征提取及云类智能识别都具有重要的意义[1-3]。

一般来说，卫星云图往往存在多种噪声干扰，难于建立准确的噪声统计模型。比如，图像探测器电子学热噪声往往表现为高斯白噪声的性质，而传输过程的信道干扰在云图中所引起的黑色、白色的点状随机噪声则表现为椒盐噪声的特性。目前卫星云图的降噪处理主要有空域和频域方法，空域法主要采用中值滤波、邻域平均滤波等对图像进行平滑处理，频域法则根据图像噪声的频率范围，选取适当的带通滤波器实现降噪处理，但以上方法仅对特定类型的噪声效果较好，当图像中存在多种噪声时性能欠佳，且上述方法在消除或压抑噪声信号的同时，对图像中的微细影纹和边缘特征信息会造成较多的损失[4]。

近年来，稀疏表示理论引起信号处理领域学者的广泛兴趣，并在图像降噪中得到了应用。Donoho 等[5]提出一种基于稀疏性先验的降噪算法，该算法对信号在给定字典上进行稀疏表示，得到稀疏系数，采用阈值规则对系数进行处理，通过反变换得到降噪的图像。Mairal 等[6]给出一种采用稀疏表示的图像重构模型，并运用此模型，在进行图像破损区域修复的同时实现降噪处理。上述方法虽取得了优于传统空域降噪的效果，但由于在实现图像的稀疏表示时均采用诸如 DCT、小波等固定基字典，难于最优表示图像的几何结构。为了使字典原子更好地匹配图像局部结构的几何形态，实现图像的稀疏表示，自适应学习字典技术得到了发展。该技术通过对图像分块，并将各分块作为局部样本，运用学习算法，设计与各样本相匹配的不同尺度、方向的一系列原子，组成过完备字典，从而能够对图像中方向、尺度各异的结构进行稀疏表示，实现噪声和有效信号的分离[7,8]。基于此，本章根据卫星云图的特点，将稀疏表示理论引入云图的降噪，提出一种基于自适应字典的云图降噪方法。

2.1.1　卫星云图稀疏降噪模型

卫星云图在获取及传输过程中会受多种噪声污染，一般而言，云图中的有用信息具有一定的几何结构，这些几何结构能够匹配经训练后字典中的原子结构，但是由于噪声通常都是随机的，所以不具备特定的结构特征，因此稀疏表示可以有效地分离卫星云图中的有用信息和噪声，从而达到降噪的目的。

先来考虑无噪声的单幅小块云图的情况，在卫星云图 X 中截取一块大小为 $\sqrt{n} \times \sqrt{n}$ 的小云图块（像素总数为 n），将这幅小云图块展成一维的列向量 $x \in R^n$。给定一个过完备冗余字典 $D \in R^{n \times k}$ $(k > n)$，在此字典上建立稀疏表示的数学模型：

$$\hat{\boldsymbol{\alpha}} = \arg \min_{\boldsymbol{\alpha}} \|\boldsymbol{\alpha}\|_0 \quad \text{s. t.} \quad D\boldsymbol{\alpha} = \boldsymbol{x} \tag{2.1}$$

其中，α 表示稀疏分解的系数。由于式(2.1)的求解是一个 NP-Hard 问题，不便于求解，为简化上述模型，可以将 L_0 范数替换为 L_1 范数，并将误差约束引入模型中：

$$\hat{\boldsymbol{\alpha}} = \arg\min_{\boldsymbol{\alpha}} \|\boldsymbol{\alpha}\|_1 \quad \text{s. t.} \quad \|D\boldsymbol{\alpha} - \boldsymbol{x}\|_2^2 \leqslant \varepsilon \tag{2.2}$$

其中，ε 表示误差容限常数。如果把约束项替换为惩罚项，则可得到数学模型：

$$\hat{\boldsymbol{\alpha}} = \arg \min_{\boldsymbol{\alpha}} \|D\boldsymbol{\alpha} - \boldsymbol{x}\|_2^2 + \lambda \|\boldsymbol{\alpha}\|_1 \tag{2.3}$$

其中，λ 表示惩罚因子。由于云图中的有用信息具有一定的几何结构，因此未受噪声污染的理想云图在过完备字典下能够准确地进行稀疏表示，而噪声的存在却会严重影响卫星云图分解系数的稀疏程度。式(2.2)通过限定误差容限的大小，获取最稀疏的分解系数，可将该系数看成干净的云图在过完备字典上产生的分解系数，因此降噪后的卫星云图就可表示为

$$\hat{\boldsymbol{x}} = D\hat{\boldsymbol{\alpha}} \tag{2.4}$$

接下来考虑整幅卫星云图 X，由于采用可重叠的分块方式对卫星云图分块，且每块大小为 $\sqrt{n} \times \sqrt{n}$，将每一云图块向量用 $x_{i,j}$ 表示，则每一小块云图均满足上述的稀疏表示模型，因此整幅云图的稀疏表示数学模型为

$$\langle \hat{\boldsymbol{\alpha}}_{i,j}, \hat{X} \rangle = \mathrm{argmin}_{\alpha_{i,j}, X} \sum_{i,j} \lambda_{i,j} \|\boldsymbol{\alpha}_{i,j}\|_1 + \sum_{i,j} \|D\boldsymbol{\alpha}_{i,j} - x_{i,j}\|_2^2 + \mu \|X - Y\|_2^2 \tag{2.5}$$

式中，第一项表示稀疏程度约束，第二项表示每一小块云图重建的误差，第三项表示含噪云图和理想云图的整体相似度。为求解式(2.5)所示的整体云图稀疏表示模型，可采用块匹配最小化算法得出局部稀疏分解系数 $\hat{\boldsymbol{\alpha}}_{i,j}$ 并输出降噪后的结果云图 Y。在此我们假设过完备字典 D 是已知的。不失一般性，首先初始化 $X = Y$ 并给定迭代次数，采用正交匹配追踪（OMP）算法[8,9]，依次计算每一小块云图的稀疏表示系数 $\hat{\boldsymbol{\alpha}}_{i,j}$：

$$\hat{\boldsymbol{\alpha}}_{i,j} = \arg\min_{\alpha_{i,j}} \lambda_{i,j} \|\boldsymbol{\alpha}_{i,j}\|_1 + \|D\boldsymbol{\alpha}_{i,j} - x_{i,j}\|_2^2 \tag{2.6}$$

在上述计算过程中，如果 $\|D\boldsymbol{\alpha}_{i,j} - x_{i,j}\|_2^2 \leqslant T$ 就停止本次迭代，得到该小块云图的稀疏分解系数 $\hat{\boldsymbol{\alpha}}_{i,j}$。在得到所有小块云图的稀疏分解系数 $\hat{\boldsymbol{\alpha}}_{i,j}$ 以后，通过求解式(2.7)来更新 X：

$$X = \arg\min_X \sum_{i,j} \|D\hat{\boldsymbol{\alpha}}_{i,j} - x_{i,j}\|_2^2 + \mu \|X - Y\|_2^2 \tag{2.7}$$

上述的降噪模型是在假设过完备字典 D 已知的情况下得到的。2.1.2 节将阐述过完备字典 D 的构造方法。

2.1.2　适用于云图降噪的过完备字典 D 的构造

虽然可以选择一组当前已有的某种正交基向量构建过完备字典 D，但是由于这样的字典结构单一，难以对卫星云图进行完全的稀疏表示，导致无法有效地分离噪声与有效信号。针对这一问题，本章利用 K-SVD 算法对初始字典进行学习训练，使得学习后的字典能够更好地体现卫星云图的特征，构造出一种自适应字典，然后基于该字典对卫星云图进行稀疏表示，以期望在尽可能多地保留卫星云图有用信息的前提下降低噪声。

K-SVD 是 K 均值聚类算法的泛化。K 均值聚类算法首先初始化 K 个聚类中心，形成一个维度为 K 的码书 $C = [c_1, c_2, \cdots, c_k]$。在欧氏距离下，基于最

邻近原则，样本集 $\bar{Y} = \{\bar{y}_i\}_{i=1}^{N} (N \gg K)$ 中的每一个样本均表示成如下形式：$\bar{y}_i = C\bar{x}_i$，其中 $\bar{x}_i = e_i$，e_i 为单位向量，其第 j 个位置值为 1，其余位置值为 0。除此之外，还满足

$$\forall_{k \neq j} \|\boldsymbol{y}_i - C\boldsymbol{e}_j\|_2^2 \leqslant \|\boldsymbol{y}_i - C\boldsymbol{e}_k\|_2^2 \tag{2.8}$$

从式(2.8)可以看出这是一种特殊的稀疏表示，即非零系数有且仅有一个。然后求解下面的目标函数，反复迭代以求得最佳码书。

$$\min_{C, X} \|\bar{Y} - C\bar{X}\|_F^2 \quad \text{s.t.} \quad \forall i, k \quad \boldsymbol{x}_i = \boldsymbol{e}_k \tag{2.9}$$

其中 $\bar{X} = \{\boldsymbol{x}_i\}_{i=1}^{N}$。K-SVD 算法衍生于 K 均值聚类算法的思想，其目标函数为

$$\min_{D, X} \|Y - DX\|_F^2 \quad \text{s.t.} \quad \forall i, \|\boldsymbol{x}_i\|_0 \leqslant L \tag{2.10}$$

其中 L 表示非零元素的数量。K-SVD 算法学习用的训练集的来源主要有两种途径：一种是选择一定数量的典型图像样本作为训练集，最终会得到一个全局过完备字典；另一种是将待处理的图像本身作为训练集，最终得到一个自适应的冗余字典。两种字典的区别在于训练集的不同。本章选择第二种方式，从整体卫星云图的所有的分块选择 M 个小块作为训练集 $Z = \{\boldsymbol{z}_j\}_{j=1}^{M}$，显然训练集中的每一个小块都满足本节提到的稀疏表示模型。过完备字典 D 需要满足以下条件：

$$\xi(D, \{\boldsymbol{\alpha}\}_{j=1}^{M}) = \sum_{j=1}^{M} \left[\|D\boldsymbol{\alpha}_j - \boldsymbol{z}_j\|_2^2 + \lambda_j \|\boldsymbol{\alpha}_j\|_1 \right] \tag{2.11}$$

其中 λ_j 表示权重参数，用于调节重构误差和稀疏度之间的比例。K-SVD 迭代优化算法引入块协调下降优化算法，将字典 D 的优选过程和稀疏分解系数 $\{\boldsymbol{\alpha}_j\}_{j=1}^{M}$ 的求解过程分开进行：先假定过完备冗余字典 D 是已知的，采用 OMP 优化算法计算得出最优的 $\{\boldsymbol{\alpha}_j\}_{j=1}^{M}$；然后固定 $\{\boldsymbol{\alpha}_j\}_{j=1}^{M}$，基于 K-SVD 算法依次更新过完备字典 D 中的每一列向量，并且在更新列向量的同时修改 $\{\boldsymbol{\alpha}_j\}_{j=1}^{M}$。经过多次迭代，最终可以得到满足条件的过完备自适应字典，用于云图的降噪处理。

2.1.3 算法步骤

在得到自适应字典的基础上，本章提出了一种基于自适应字典稀疏表示的云图降噪方法。该方法首先基于 K-SVD 算法构建自适应的过完备字典，使用待处理的卫星云图训练过完备字典的原子库，使得过完备字典的设计和优化能够同步进行，由于经训练得到的过完备字典可以有效地体现卫星云图本身的多种特征，因此可以得到理想的降噪效果，具体的降噪步骤如下：

(1)对噪声卫星云图执行可重叠的分块操作；

(2)随机选择数量适宜的图像块组成学习样本集，并将 DCT 字典作为初始冗

余字典，使用 K-SVD 算法训练该字典；

（3）将每一个图像块在上述过完备字典上进行稀疏表示，得到各自的稀疏分解系数，然后对分解系数运用公式(2.4)进行重建，得到降噪后的云图块；

（4）对降噪后的各个图像块进行合并，重叠部分执行平均处理，得到降噪后的卫星云图。

2.1.4　实验结果与分析

实验采用大小为 512×512 的红外 1 通道和可见光通道云图，为了利用 K-SVD 算法获得自适应字典，我们将卫星云图分割成 8×8 的小块云图，并将 DCT 字典作为初始化的冗余字典。图 2.1(a) ~ (c)分别是初始化字典及训练后得到的红外通道和可见光通道的自适应字典。

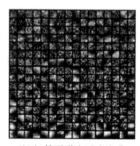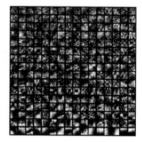

(a)DCT 字典　　　　　(b)红外通道自适应字典　　　　(c)可见光通道自适应字典

图 2.1　降噪使用的字典

为了测试本章算法的降噪性能，本书选择理想的红外云图和可见光云图作为测试图像。考虑到卫星云图在获取及传输过程中经常受到高斯噪声的干扰，我们在理想云图中添加标准差 σ 分别为 20、25、30 高斯白噪声，以仿真不同程度的噪声影响。图 2.2 和图 2.3 分别表示在 $\sigma = 25$ 的条件下，红外云图和可见光云图采用不同的过完备字典所得到的降噪结果。

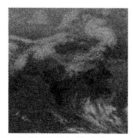

(a)噪声污染的红外通道1云图　　(b)DCT 字典的降噪结果　　(c)自适应字典的降噪结果

图 2.2　红外通道1(IR1)云图的降噪

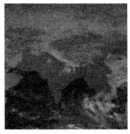　　

(a)噪声污染的可见光通道云图　　　(b)DCT 字典的降噪结果　　　(c)自适应字典的降噪结果

图 2.3　可见光通道(VIS)云图的降噪

从图 2.2 和图 2.3 可以看出,不管是采用 DCT 字典或自适应字典,都能得到基本满意的降噪效果,这说明基于过完备字典稀疏表示实现卫星云图降噪是可行的。仔细观察可以发现,DCT 字典降噪的结果略显模糊,在保持图像细节方面不如基于自适应字典方法的降噪结果,这主要是由于自适应过完备字典是利用图像本身经学习获得的,能够最优地表示图像中的各种结构。表 2.1 给出了在噪声标准差 $\sigma=20$,25,30 时基于两种字典方法的降噪云图的峰值信噪比(PSNR)。

表 2.1　降噪云图的峰值信噪比　　　　　　　　　　　　　　　(单位:db)

噪声标准差	σ	20	25	30
IR1 云图	DCT 字典	33.0689	32.0672	31.3069
	自适应字典	33.3716	32.3272	31.4901
VIS 云图	DCT 字典	31.6159	30.7563	30.1311
	自适应字典	31.8953	30.9889	30.3173

可以看出,在不同的噪声强度下,基于自适应字典的降噪算法均优于 DCT 字典,这主要是因为 DCT 字典是恒定不变的,对信号的稀疏表示存在一定的局限性。另一方面,也可以发现,随着噪声强度的增大,自适应字典的优势逐渐减少,这主要是由于随着噪声的增大,字典学习会出现过拟合的问题,学习字典不能再有效地表示云图中的结构信息。实际上,如果噪声成分多到一定程度,根据噪声云图本身调整字典结构的做法就失去了实际意义,如何在强噪声背景下提高自适应字典稀疏表示方法的降噪能力,是接下来需要进一步深入研究的内容。

2.2　联合块匹配与稀疏表示的卫星云图修复

气象卫星通过遥感技术在地球上空对地面物体和云层表面的辐射进行接收处理,然后再把数据传到地面接收站形成卫星云图;由于卫星云图基于遥感成像原理，所以它不可避免地会受到如大气湍流、太阳风暴及卫星轨道漂移等的影响，有时在传输过程中，可能出现部分数据丢失及失真现象[10−12]，例如，2003 年 10 月 31 日我国"风云 2 号"B 星就出现过传送云图的数据缺失。云图数据的缺损不仅影响了公共气象保障服务，而且可能对航空等行业造成不可挽回的后果，因此实现气象云图的修复具有重要的现实意义。

云图修复属于图像修复范畴，主要包括基于偏微分方程（partial differential equation，PDE）的修复法、纹理填充修复法和稀疏表示修复法。2000 年，Bertalmio 提出的 PDE 方法利用逐渐扩散填充的思想，自动有效地填充目标区域[13]，并在此基础上，又演变出了全变分修复方法和曲率扩散修复模型，此类修复方法在修复纹理图像或大面积纹理区域缺失的图像时会产生模糊效应，从而造成修复效果较差。Criminisi 采用在待修复区域周围选择优先级最大的图像块来填充缺失区域，并通过不断更新优先度来修补剩余区域，实现了较好的纹理修复效果[14]，但基于纹理块的填充方案在修复面积较大时会出现明显的块效应；为了从根本上解决图像修复的难题，有必要从图像处理的最底层问题，即图像表示出发开展研究。视神经系统的研究表明：视觉皮层 V1 区神经元的感受野能够对视觉感知信息产生一种稀疏（sparse）表示。在此理论指导下，稀疏表示理论已在图像重建、图像复原、图像超分辨率、图像识别等方面得到了成功的应用[15]，由于图像修复本质上是在一定约束条件下的图像复原问题，从数学角度来讲，为求解欠定方程问题，约束条件是信号必须是稀疏的或在某个变换域是稀疏的，因此结合稀疏表示理论的图像修复方法已成为图像修复领域的一个研究热点[16−18]。目前，以匹配追踪（matching pursuit，MP）算法和基追踪（basis pursuit，BP）算法[19]为主的稀疏分解算法已应用于图像修复，但匹配追踪算法有着自身无法克服的"贪婪性"缺陷，导致过匹配现象，严重影响了图像修复的质量。

由于卫星云图纹理细节丰富[20]，如对流性较强的积云富含褶皱及斑点纹理，红外云图中的层云纹理结构光滑，卷云呈纤维状纹理，而积雨云往往在云顶最高处呈现团状纹理等，因此如何充分利用图像的全局自相似性，减少对纹理细节的破环是云图修复的基本要求。本书提出了一种基于云图块匹配策略的稀疏修复方案，首先根据优先权搜索到待修复点并对其邻域分块，通过比较邻域块与待修复块的相似度，选择最优匹配块，然后利用稀疏表示方法构建字典重建该块，最后通过更新优先权值，沿等照度线实现整个破损区域的修复。该方法不仅能避免传统 PDE 修复法所导致的结构丢失，也能很好地改善基于纹理填充修复方法所导致的细节纹理修复不足及块效应现象，具有良好的修复效果。

2.2.1　基于块匹配的图像修复

卫星云图是一类纹理细节异常丰富的图像,不同程度的破损会严重影响云图的分类、分割等后续应用,从而导致对天气状况的误判。在云图修复过程中,好的修复方法有利于图像各修复点的良好衔接,也可有效避免块效应的产生;由于图像相邻像素间的相关性,因此缺损的信息往往蕴含于周边区域像素中,本章主要以块为修复区域,通过与周边子块进行相似度匹配来指导整幅图像的修复。

1. 修复方向及其优先权的计算

本章借鉴传统基于非线性扩散思想的图像修复方法,该方法通过确定各修复像素的先后顺序来改善纹理修复过程中对于结构信息修复的不足,最早应用于纹理合成图像的修复中。本章首先检测图像待修复区域的边缘或纹理细节 $\delta\Omega$,根据式(2.12)计算 $\delta\Omega$ 上各像素的优先权:

$$P_p = C_p \cdot D_p \tag{2.12}$$

其中,C_p 表示置信度,描述像素 p 在其邻域可靠信息量的大小;D_p 描述了像素 p 的等照度线结构强度;P_p 表示像素 p 的优先权值;C_p、D_p 分别定义如下:

$$C_p = \frac{\sum\limits_{q \subset N_p \cap \bar{\Omega}} C_q}{|N_p|} \tag{2.13}$$

$$D_p = \frac{|\nabla I_p^{\perp} \cdot n_p|}{\alpha} \tag{2.14}$$

在式(2.13)和式(2.14)中,$\Delta I_p^{\perp}$ 表示边界上像素 p 的等照度线方向,$|N_p|$ 表示待修复块 N_p 的面积,α 为归一化因子(一般取 255),在初始化过程中,若待修复块 N_p 内的像素 $q \in \Omega$,取 $C_q = 0$,若 $q \in \bar{\Omega}$,取 $C_q = 1$。如图 2.4 所示,n_p 表示破损区域 Ω 边缘像素 p 的法线方向,在像素 p 处,若等照度线强度越大,则等照度线与边界 $\delta\Omega$ 的法向量夹角

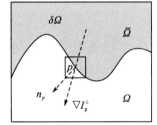

图 2.4　优先权计算示意图

越小,D_p 的值就越大,代表的优先权也越大。沿着等照度线的方向修复,更有利于复原图像中的纹理结构,可以有效地避免边缘模糊现象。

2. 纹理块相似度计算

在传统基于纹理合成的修复算法中,常采用的像素值误差块匹配方案会产生

明显的块效应，不利于纹理的修复。为了避免块效应的产生，本章采用一种基于结构相似度的块匹配算法，来寻找待修复块的最优匹配块。Wang 等认为人眼视觉系统的主要功能是从视觉区域提取图像中的结构化信息，因此在 2004 年提出了基于人眼视觉特性的结构相似度图像质量评价系统（structural similarity index measurement system，SSIM）[21]，其理论框架如图 2.5 所示。结构相似度理论是一种全新的思想，不同于以往自底而上的模拟人眼视觉特性（human visual system，HVS）的低阶组成结构思想，而是从高层模拟 HSV 的整体功能，因而可以很好地估算两个复杂图像的结构失真。

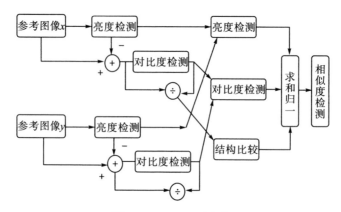

图 2.5　SSIM 理论框架

假设存在参考图像 x 和估计图像 y，则其结构相似度计算公式可表示为

$$\mathrm{SSIM}(x,y) = \left[l(x,y) \right]^{\alpha} \cdot \left[c(x,y) \right]^{\beta} \cdot \left[s(x,y) \right]^{\gamma} \qquad (2.15)$$

其中，$l(x,y)$ 为亮度相关函数，其定义为

$$l(x,y) = \frac{2\mu_x\mu_y + C_1}{\mu_x^2 + \mu_y^2 + C_1} \qquad (2.16)$$

$c(x,y)$ 为对比度相关函数，其定义为

$$c(x,y) = \frac{2\sigma_x\sigma_y + C_2}{\sigma_x^2 + \sigma_y^2 + C_2} \qquad (2.17)$$

$s(x,y)$ 为结构相关函数，定义为

$$s(x,y) = \frac{\sigma_{xy} + C_3}{\sigma_x\sigma_y + C_3} \qquad (2.18)$$

式（2.16）～式（2.18）中，μ_x 和 μ_y 分别表示参考图像和估计图像的均值，σ_x 和 σ_y 分别表示参考图像和估计图像的方差。可以看出，结构信息注重图像中客观存在的特征，结构相似度算法更有利于找出图像中的相似关系，更接近人的主观评价。实验结果显示，基于结构相似度的匹配算法有利于云图纹理结构的复原。

2.2.2 云图稀疏修复模型的建立

1. 云图的稀疏表示

假设将卫星云图按行堆叠表示成向量 $Y \in R^m$，其中云图完整区域表示为 $y_1 \in R^t$，破损区域表示为 $y_2 \in R^{m-t}$，则整幅云图可写成

$$Y = \begin{bmatrix} y_1 \\ y_2 \end{bmatrix} \tag{2.19}$$

云图的修复过程就是根据云图的完整区域 y_1 恢复出理想云图。稀疏表示理论认为，如果存在一种字典 $\Phi \in R^{m \times n}(m << n)$，并且可以用少量字典原子的线性组合良好地表示信号 Y，那么信号 Y 可以在字典 Φ 下进行稀疏表示，即

$$Y = \Phi \cdot \alpha_0 \tag{2.20}$$

式中，α_0 为信号 Y 的稀疏表示系数，它只存在有限个非零值。云图的稀疏修复就是充分利用 Y 中的已知信号 y_1 重构出理想云图，假设字典 Φ 可写成两部分 $\Phi_1 \in R^{t \times n}$，$\Phi_2 \in R^{(m-t) \times n}$，如下所示：

$$\Phi = \begin{bmatrix} \Phi_1 \\ \Phi_2 \end{bmatrix} \tag{2.21}$$

其中 Φ_1 为与云图完整区域 y_1 对应的过完备字典，满足

$$y_1 = \Phi_1 \cdot \alpha_0 \tag{2.22}$$

Φ_2 为与破损区域 y_2 对应的过完备字典，满足 $y_2 = \Phi_2 \cdot \alpha_0$，由于区域 y_2 未知，因此该式无实际意义。因而卫星云图稀疏修复的问题可以转化为如何根据式(2.22)找到最合适的稀疏系数 α_0 值，再根据等式(2.20)近似恢复出理想云图。

2. 字典学习算法

对于云图的稀疏表示，除了需要求解稀疏系数外，过完备字典的构造也相当重要。字典的构造就是在信号稀疏表示意义下寻找最优基，同时需要满足稀疏表示唯一性的约束。假如存在一个样本集 $Y = \{Y^i\}_{i=1}^K$，其稀疏表示问题可表示为

$$\min \|a\|_p \quad \text{s. t.} \quad \|Y - \Phi a\|_2^2 \leqslant \varepsilon \tag{2.23}$$

其中，Φ 称为对应于样本集的过完备字典，a 为稀疏系数。在过完备字典的优化生成算法中，比较经典的是 Aharon 等提出的 K 奇异值分解(K-SVD)算法[22]。该算法可有效缩减字典原子数，并保留初始字典所有信息。该算法可将式(2.23)的 NP-hard 问题转化成一个凸优化问题，如下所示：

$$\boldsymbol{\Phi} = \arg\min_{\boldsymbol{\Phi}, \boldsymbol{a}_i} \sum_i^K \| Y^i - \boldsymbol{\Phi} \boldsymbol{a}_i \|_2^2 \quad \text{s. t.} \quad \| \boldsymbol{a}_i \|_0 \leqslant T_0 \tag{2.24}$$

式中，T_0 表示稀疏度。为了求解上式，K-SVD 采用两步交替迭代的方案，首先固定字典 D（初始时可给定一个过完备 DCT 字典）[23]，采用正交匹配追踪（orthogonal matching pursuit，OMP）求解每个样本的稀疏表示系数；对于每一个字典原子，找到在稀疏表示时使用了该字典原子的样本数据序号，计算表示误差矩阵并从中选择出和该原子有关的部分组成子矩阵，对该子矩阵作 SVD 分解，利用分解结果更新当前的字典原子；以上过程交替迭代，直到收敛。

例如，当前需要更新字典的第 k 列，则目标函数(2.24)可写为如下形式：

$$\begin{aligned}
\sum_i^K \| Y^i - \boldsymbol{\Phi} \boldsymbol{a}_i \|_2^2 &= \| Y - \boldsymbol{\Phi} \boldsymbol{a} \|_2^2 = \Big\| Y - \sum_{j=1}^K \boldsymbol{\Phi}_j \boldsymbol{a}_T^i \Big\|_2^2 \\
&= \Big\| \big(Y - \sum_{j \neq k} \boldsymbol{\Phi}_j \boldsymbol{a}_T^i \big) - \boldsymbol{\Phi}_k \boldsymbol{a}_T^k \Big\|_2^2 \\
&= \| E_k - \boldsymbol{\Phi}_k \boldsymbol{a}_T^k \|
\end{aligned} \tag{2.25}$$

式中，$\boldsymbol{\Phi}_k$ 表示字典中第 k 列原子，对应系数为 $\boldsymbol{a}_T^k$，E_k 表示去除原子 $\boldsymbol{\Phi}_k$ 后的稀疏表示误差。为了最小化式(2.25)，即使得 $\boldsymbol{\Phi}_k \boldsymbol{a}_T^k$ 最接近 E_k，可对 E_k 进行 SVD 分解 $E_k = U\Delta V^{\mathrm{T}}$，利用矩阵 U 的第一列代替 $\boldsymbol{\Phi}_k$，利用矩阵 V 的第一列与 $\Delta(1,1)$ 的乘积修正 $\boldsymbol{a}_T^k$。为了得到理想的过完备字典 $\boldsymbol{\Phi}$，只需对字典逐列更新修正，直至满足收敛条件。

3. 云图的修复

鉴于块匹配技术及稀疏表示理论在图像修复中的优势，本章提出了一种采用块匹配的卫星云图稀疏修复方法。首先利用优先权确定云图的待修复像素 p，如图 2.6 所示，以 p 为中心选取 3×3 的邻域块 M_p，为了避免全局搜索匹配块而导致修复效率低的问题，在 p 点外延出 9×9 的搜索区域 M（虚线框内部分），再对虚线内云图块 M 进行 3×3 的可重叠分块处理，得到子块 M_i（由于允许块间重叠，所以子块数目可大于 9），并满足

$$M = \cup M_i, \quad 1 \leqslant i \leqslant N, \quad N > 9 \tag{2.26}$$

由于搜索区域 M 中有许多子块部分或全部位于破损区 Ω 内，存在着严重的数据丢失，在实际操作中应将其丢弃，仅保留如图 2.7 所示全部位于完整区域 $\overline{\Omega_1}$ 内的子块，这样不但能提高数据可靠性，还能减少修复处理时匹配块的搜索时间。通过保留处理后的云图块分别与 M_p 进行结构相似度匹配，通过阈值处理，仅保留相似度较大的 K 个匹配块，最终保留的云图块 M_k 表示为

$$M_k = \cup M_i, \quad 1 \leqslant i < K < N \tag{2.27}$$

与最终保留的云图块 M_k 对应的字典 $\boldsymbol{\Phi}=\{\Phi_1,\Phi_2,\cdots,\Phi_K\}$ 可通过 K-SVD 计算得到，则待修复区域 M_p 的稀疏表示模型为

$$\mathrm{argmin}\ \ \|\boldsymbol{a}_0\|_0 \quad \mathrm{s.t} \quad \|M_p-\boldsymbol{\Phi}\boldsymbol{\alpha}_0\|_2^2<\zeta \qquad (2.28)$$

其中 ζ 为稀疏编码误差。式(2.28)是一个 L_0 正则优化问题，可通过正交匹配追踪算法，得到最优系数向量 α_0，再求解待修复区域 M_p 的最优逼近值，从而更新该待修复区域。

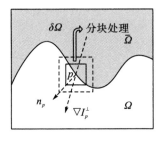
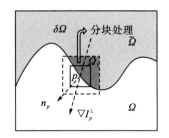

图 2.6　云图分块示意图　　　　　图 2.7　搜索区域分块选择示意图

2.2.3　算法步骤

根据上述分析，本章提出一种联合块匹配与稀疏表示的卫星云图修复方法，具体步骤如下：

Step 1：通过阈值处理，标记卫星云图的待修复区域，其中云图完整区域的像素标记为 "0"，而待修复的破损区域标记为 "1"，建立掩模图像。

Step 2：检测破损区域边缘 $\delta\Omega$，计算边缘像素的优先权值，找到优先权值最大的像素 p 作为起始修复点，以 p 为中心选取 3×3 邻域 M_p，并将以 p 为中心的 9×9 邻域作为搜索区域，进行可重叠的 3×3 分块处理，得到各个子块 M_i，$(i>9)$。

Step 3：根据掩模选取 M_i 中位于完整区域内的子块，计算各子块与 M_p 的结构相似度，通过阈值处理选取相似度较大的匹配块，得到最终云图匹配块的集合 M_k，根据稀疏表示原理重建以 p 为中心的破损区域 M_p。

Step 4：M_p 区域修复后，更新整个图像的完整区域和破损区域。

Step 5：重复步骤 Step2-Step4，直到破损区域 Ω 修复完整。

2.2.4　实验结果及讨论

下面将通过数值实验来验证本章所提出的云图修复方法的有效性，并与文献

[9]所采用的匹配追踪(MP)修复方法及 Pascal Getreuer 所采用的全变分(TV)修复方法进行比较[24]。考虑到实际成像时由于卫星存在轨道漂移，并且信号在传输中会出现数据丢失及噪声干扰等，所获取的卫星云图往往有两类常见破损，即噪声(主要表现为椒盐噪声)及区域缺失，因此实验中通过对选取的理想云图进行加噪(椒盐噪声)和区域缺失处理，得到不同破损程度的待修复云图，进行仿真实验。实验在 Windows XP，Pentium(R)G2030@3.00 GHz CPU，2 GB 内存的环境下运行。实验云图取自 FY2D 卫星 2012 年 6 月 20 日 15 时 45 分的红外 IR1 通道，选取其中 256×256 像素的区域进行实验；实验以峰值信噪比(PSNR)衡量破损程度，PSNR 越低，则破损越严重，PSNR 定义如下：

$$PSNR = 10 \log_{10}(255^2/MSE) \tag{2.29}$$

式中，MSE(mean square error)为理想云图与破损云图的均方误差。图 2.8 为原始云图及经破损处理后的待修复云图。

　　(a)原始云图　　　　　(b)加噪云图(PSNR22.7765dB)　(c)缺失破损云图(PSNR 18.8048dB)

图 2.8　原始云图及破损云图

对图 2.8 所示的待修复云图分别采用本章方法、TV 修复方法及 MP 修复方法进行修复处理，图 2.9 为噪声污染云图的修复结果，图 2.10 为缺失破损云图的修复结果，图 2.11 为图 2.10 局部区域(黑框标注区域)的放大。

 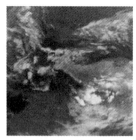 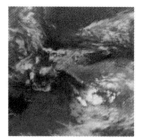

　(a)本章方法降噪修复　　　　　(b)TV 方法降噪修复　　　　　(c)MP 方法降噪修复
　　(PSNR 49.1349dB)　　　　　　(PSNR38.6583dB)　　　　　　(PSNR34.6405dB)

图 2.9　噪声污染云图采用不同方法的修复结果

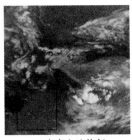 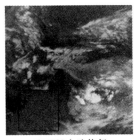 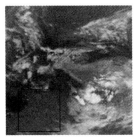

(a)本章方法修复　　　　　　　(b)TV 方法修复　　　　　　　(c)MP 方法修复
(PSNR 39.6520dB)　　　　　　(PSNR39.0687dB)　　　　　　(PSNR33.6846dB)

图 2.10　缺失破损云图采用不同方法的修复结果

(a)图 2.10(a)的局部放大　　(b)图 2.10(b)的局部放大　　(c)图 2.10(c)的局部放大

图 2.11　破损云图修复结果的局部放大

可以看出，图像修复技术不仅能有效抑制卫星云图中的噪声干扰，而且对于区域缺失的破损云图也能获得很好的修复结果。对比来看，TV 方法修复结果虽能较好地修复云图中的大尺度结构，但对小尺度的纹理信息损失严重，并出现了"块效应"现象；从局部放大的区域可以明显看出，MP 方法修复的云图"线条感"明显，特别是对于破损区域的纹理修复较为粗糙，并出现了一些"魔影"干扰，而本章方法则能有效地保持云图中的纹理等小尺度细节，且未造成重建云图的模糊、不均匀等现象，视觉效果更好。

为定量评价不同方法的性能，本章采用峰值信噪比（PSNR）及结构相似度（SSIM）作为客观评价指标。对于云图修复而言，PSNR 衡量了修复结果相对于理想云图的保真度，而 SSIM 则度量了修复云图与理想云图的结构相似度，一般来说它们的值越大，修复效果和质量越好。为了更好地说明所提方法对云图修复的有效性，我们设置了多组对比试验，实验结果如表 2.2 所示。

表 2.2　不同方法修复结果 PSNR 和 SSIM 及计算效率的比较

破损方式	破损程度/dB	修复方法								
		本章方法			MP 方法			TV 方法		
		PSNR/dB	SSIM	时间/min	PSNR/dB	SSIM	时间/min	PSNR/dB	SSIM	时间/min
加噪处理	25.8081	52.0393	0.9993	0.77	34.7213	0.9424	24.10	39.4946	0.9827	0.03
	22.7765	49.1349	0.9989	0.39	34.6405	0.9414	24.08	38.6583	0.9801	0.03
	21.1965	48.1406	0.9982	1.12	34.6550	0.9413	24.10	38.2116	0.9781	0.03
	20.0795	46.3796	0.9975	1.45	34.5897	0.9413	24.07	37.4659	0.9759	0.03
	18.9044	45.9046	0.9969	1.90	34.6372	0.9415	24.05	37.0741	0.9733	0.03
	18.1479	44.9751	0.9962	2.20	34.5408	0.9406	24.22	36.5177	0.9706	0.04
区域缺失破损	27.8363	51.5849	0.9992	0.29	34.7244	0.9413	24.37	51.0405	0.9988	0.03
	25.0201	50.3817	0.9991	0.44	34.6520	0.9327	24.32	50.2745	0.9985	0.03
	18.8048	39.6520	0.9882	1.67	33.6846	0.9205	24.37	39.0687	0.9847	0.08
	17.7147	35.6624	0.9785	2.47	32.0267	0.9265	23.78	35.5837	0.9754	0.10
	17.5849	37.9594	0.9831	2.43	33.1658	0.9234	24.17	37.6972	0.9808	0.10
	16.7874	36.8923	0.9775	3.17	32.8734	0.9424	24.11	36.7936	0.9752	0.12

从上表可知，无论是对于噪声干扰还是局部区域缺失的云图，本章方法在不同的评价指标上都明显优于 MP 修复方法与 TV 修复方法。究其原因，我们认为气象云图多是纹理型的，局部的纹理细节比较丰富，本章方法充分考虑了云图这一特殊性质，通过引入结构相似度和稀疏表示来重建破损区域，能够很好地弥补云图结构的缺失；从表中也可以观察到，对于区域缺失的云图，TV 修复方法与本章修复方法所得结果的 PSNR 和 SSIM 值比较接近，但在图 2.11 的局部放大图中，可明显感觉到 TV 修复视觉效果较差，这主要是由于 TV 模型中二阶扩散方程中存在"阶梯效应"，导致假边缘出现；而且普通 TV 算法对于阶跃性大的椒盐噪声复原效果并不理想，虽然 Pascal Getreuer 等针对椒盐噪声对 TV 算法进行了改进，但云图修复效果表明边缘细节模糊的问题依旧存在。另一方面，从实验结果也可以看出，MP 方法的修复效果无论在 PSNR 还是在 SSIM 上都相对欠缺，这主要是由于 MP 算法存在着本身无法克服的过匹配现象，在每次迭代过程中不可避免地引入误差分量，这不但降低了收敛速度，也会出现如图 2.11 所示的"线条感"及"魔影"干扰。总结上表可见，在去噪修复上，本章方法修复的云图相对于 MP 方法和 TV 方法在 PSNR 指标上平均分别提高了 13.13dB 和 9.86dB；在区域破损修复上，本章方法修复的云图相比于 MP 方法和 TV 方法在 PSNR 指标上平均分别提高了 8.50dB 和 0.28dB，这充分表明本章的块匹配云图稀疏修复方法充分反映了卫星云图的本质特性，可以很好地修复破损云图。

2.3　抗混叠轮廓波域采用压缩感知的云图融合方法

不同通道的气象云图往往蕴含不同角度的天气信息，比如，可见光云图通过探测地表和云体对太阳辐射的散射或反射来成像，图像灰度取决于地表或云顶的反射率；而红外云图通过探测红外辐射来成像，图像灰度取决于地表或云顶的温度[25,26]。因此，在红外云图中很难识别出低云或雾，这是因为它们的温度特征与其下面的地表背景太相似，而在可见光云图中检测这类云或雾则相对较易，不过可见光云图中高层云系通常模糊不清，但在红外云图上却清晰可见，所以结合使用红外与可见光通道，比用单个通道更易获得准确的云图分析结果。然而传统的基于视觉观察对不同通道云图分别进行分析的方法不仅繁琐，而且是一种因人而异的手段；采用数据融合技术将不同通道的卫星云图进行融合，无疑将在融合结果中包含不同通道云图所蕴含的灰度、纹理等特征信息，这样做的优点是：在后续处理中既可以减少人为的外界干预，仅根据融合云图自身的特征就有可能实现云检测、云类识别、降雨预估等基本的云图分析功能，又便于实现机器的自动处理，从而提高云图分析的准确性及处理效率。目前，图像融合技术已广泛应用于遥感成像中，研究主要集中在以小波分析为基础的像素级融合[27]。然而，常用的二维小波只具有有限的方向，并不能"稀疏"表示二维图像；以轮廓波（contourlet）变换为代表的多尺度几何分析能够有效地"跟踪"图像中的线奇异和面奇异特征[28]，其优越的"稀疏"逼近能力使图像融合的效果得到了提高。另一方面，为了获取高分辨率的云图，必须提高成像系统的分辨率，这势必增加云图的数据量，使得获取、传输及存储云图都要付出很高的代价，也制约了图像融合技术在云图处理中的应用。因此，如何减小云图的数据量已成为一个亟待解决的问题。受"稀疏"逼近思想的启发，近年来出现了一种新颖的理论：压缩感知（compressed sensing，CS），其指出只要信号是可压缩的或在某个变换域是"稀疏"的，那么可以用一个与变换基不相关的测量矩阵将原始高维信号投影到一个低维空间上，得到若干测量值，通过求解一个优化问题就可以从这些少量的测量中以高概率重构出原信号[29,30]。由于从理论上讲卫星云图具有可压缩性，因此只要能找到其相应的稀疏表示空间，就可以在不丢失所需信息的情况下用最少的观测次数对云图采样，实现降维处理，因此将 Contourlet 与 CS 相结合，有望为卫星云图融合的研究提供一种新思路。考虑到原始 Contourlet 各方向子带之间存在频谱混叠，往往会在重构图像中引入严重的伪影[31]，本节将抗混叠塔式滤波器组（AFPFB）和方向滤波器组（DFB）结合，在对低通滤波器考虑带限约束条件下设计了一种能抑制混叠的利用双通道滤波器组结构的多尺度分解方案,实现了一种抗混叠的轮廓波变换(AFCT),用于将云图分解成稠密和稀疏两部分;对稠密成分采用传统方法进行融合,而对稀疏成分,则在 CS 框架下,通过少数线性测量的融合,依据 L_1 范数最小化,采用二步迭代收缩的重构算法,在迭代时利用前面两个估计值更新当前值,得到融合结果。将所提出的融合算法应用于红外与可见光云图的融合实验中,并从主观视觉效果和客观参数评价两方面与传统算法作了比较。

2.3.1　AFCT 的构造

轮廓波变换利用拉普拉斯塔形(LP)变换对图像进行多尺度分解,再用方向滤波器组(DFB)对各尺度的高频子带进行多方向分解,实现图像的多尺度几何分析,其最大缺点是:LP 变换时所采用的低通滤波器并不理想,在通带区域之外仍然存在非零的频率响应,使得变换的低频子带包含混叠成分,而高频子带则是通过上一精细尺度的低频子带减去其低通成份获得,混叠也就因此不可避免地带入高频子带中,这些混叠成分与 DFB 频域支撑的交叠导致了严重的频率混叠现象,使得基函数在空域中沿主脊方向不够光滑,从而破坏重构图像中边缘和轮廓的正则性。

为抑制混叠效应,我们采用双通道的抗混叠塔式滤波器组(aliasing-free pyramidal filter banks,AFPFB)来替代 LP 变换,以此实现图像的多尺度分解,并结合 DFB 实现一种抗混叠的塔型变换(aliasing-free contourlet transform,AFCT)。图 2.12 为 AFCT 的分解示意图(重构过程与分解过程完全对称,就不再给出)。

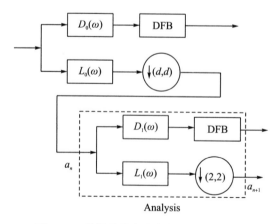

图 2.12　抗混叠轮廓波变换的分解示意图

可以看出，抗混叠轮廓波变换仍然采用 DFB 进行多方向分解，但与原始轮廓波不同，它采用 AFPFB 代替了 LP 变换，且在运用 AFPFB 实现多尺度分解时，第 1 级的低通滤波不是固定以 2 进行下抽样，而是以 $d(d=1,3/2,2)$ 进行可控下抽样，同时采用严格带限的低通滤波器以降低与 DFB 的频谱交叠。此外，$d=1$ 时变换的抗混叠性能最好，但不同的 d 值和滤波器参数与冗余度有直接的关系，$d=1$ 时的冗余度约为 2.33，大于原始轮廓波变换；由于本章对冗余度的要求不高，因此采用 $d=1$ 的方案。下面具体介绍 AFPFB 中滤波器应满足的条件。

在 AFPFB 中，我们使用了两个不同的滤波器组：$L_0(\omega)$、$D_0(\omega)$ 和 $L_1(\omega)$、$D_1(\omega)$，其中 $D_0(\omega)$、$D_1(\omega)$ 表示高通滤波器，$L_0(\omega)$、$L_1(\omega)$ 表示低通滤波器。根据多抽样率理论可以推导出 AFPFB 的完全重构条件为

$$|D_0(\omega)|^2 + |L_0(\omega)|^2 = 1 \tag{2.30}$$

$$D_1^2(\omega) + L_1^2(\omega)/4 = 1 \tag{2.31}$$

因此，只要设计出 $L_0(\omega)$、$L_1(\omega)$，则根据式(2.30)、式(2.31)就可求得 $D_0(\omega)$、$D_1(\omega)$。为了获得满足理想频率响应的滤波器以及方便调节相关频率参数，本书直接在频率域定义滤波器。具体方法是：首先定义一维低通滤波器，二维滤波器通过对一维滤波器的可分离扩展获得，即

$$L_i(\omega) = L_i^{1D}(\omega) = L_i^{1D}(\omega_0) \otimes L_i^{1D}(\omega_1), \quad i = 0,2 \tag{2.32}$$

其中一维低通滤波器 $L_i^{1D}(\omega)$ 定义如下：

$$L_i^{1D}(\omega) = \begin{cases} 1, & |\omega| \leqslant \omega_{p,i} \\ \dfrac{1}{2} + \dfrac{1}{2}\cos\left[\dfrac{(|\omega| - \omega_{p,i})\pi}{\omega_{s,i} - \omega_{p,i}}\right], & \omega_{p,i} \leqslant |\omega| \leqslant \omega_{s,i} \\ 0, & \omega_{s,i} \leqslant |\omega| \leqslant \pi \end{cases} \tag{2.33}$$

式中，$\omega_{p,0}$、$\omega_{s,0}$ 表示 $L_0(\omega)$ 的通带截止频率和阻带截止频率；$\omega_{p,1}$、$\omega_{s,1}$ 表示 $L_1(\omega)$ 的通带截止频率和阻带截止频率。式(2.33)说明，$L_i^{1D}(\omega)$ 在通带区域内频率响应保持一致，在阻带区域内，频率响应为零；通带和阻带之间有一平滑的过渡带，其频率响应为 $[0,1]$。不难看出，式(2.33)中 $\omega_{p,i}$ 及 $\omega_{s,i}$ 的选择决定了 AFPFB 的抗混叠特性。由于 AFPFB 第二层以后的分解均存在下抽样，为避免下抽样带来的混叠，首先要求 $\omega_{s,1} < \pi/2$；同时，为了获得类似 LP 变换的倍频分解，有如下约束条件：

$$\frac{\omega_{p,0} + \omega_{s,0}}{2} = \frac{\pi}{2} \ \text{且} \ \frac{\omega_{p,1} + \omega_{s,1}}{2} = \frac{\pi}{4} \tag{2.34}$$

其次，为了消除混叠成分与 DFB 频域支撑的交叠，要求 $\omega_{s,0} \leqslant \pi - a$，$\omega_{s,1} \leqslant (\pi-a)/2$；其中，$a$ 是 DFB 的最大过渡带宽，根据文献 [5]，$a \leqslant \pi/3$，

因而 $\omega_{s,0} \leqslant \pi - a = 2\pi/3$，$\omega_{s,1} \leqslant (\pi - a)/2 = \pi/3$，代入式(2.34)，可得 $\omega_{p,0} = \pi/3$，$\omega_{p,1} = \pi/6$。

可以看出，以上所设计的 $L_0(\omega)$、$D_0(\omega)$ 和 $L_1(\omega)$、$D_1(\omega)$ 满足 Nyquist 抽样定律，可以消除多尺度分解时由于下抽样所导致的频谱混叠；而且通过双通道滤波器组结构，图像高通滤波后直接级联 DFB，使得各方向子带的混叠现象也能得到有效抑制。因此，采用图 2.12 所示的结构，就能实现一种抗混叠的轮廓波变换(aliasing-free contourlet transform，AFCT)，本章尝试将其与压缩感知 CS 相结合，用于卫星云图的融合处理。

2.3.2　压缩感知(CS)理论

近年来，由 Donoho、Candes 等建立理论框架的 CS 技术得到了发展并迅速引起了广大学者的关注[29,30]。CS 理论认为，"稀疏"信号能由少量的随机线性测量(random linear measurements)，通过求解一个优化问题而高概率地重构。在该理论框架下，采样速率不再取决于信号带宽，而决定于信息在信号中的结构和内容，这样就有可能在信号处理中突破香农(Shannon)采样定理的限制，从而有望给信号处理的诸多领域带来广泛的应用前景。CS 可以用如下的数学形式进行描述：

设长度为 N 的信号 $\boldsymbol{X} \in R^N$ 能被某组正交基或紧框架 $\boldsymbol{\psi}$ "稀疏"表示，即该信号在 $\boldsymbol{\psi}$ 域的系数 $\boldsymbol{C} = \boldsymbol{\psi}^T \boldsymbol{X}$ 只有 K 项非零($K \ll N$)，则称 $\boldsymbol{X}$ 为 $\boldsymbol{\psi}$ 域的 K "稀疏"信号，可以构造 $M \times N(M \ll N)$ 的测量矩阵 $\boldsymbol{\Phi}$，对 $\boldsymbol{X} = \boldsymbol{\psi} \boldsymbol{C}$ 进行线性变换，得到线性测量 $\boldsymbol{Y} \in R^M$：

$$\boldsymbol{Y} = \boldsymbol{\Phi} \boldsymbol{\psi} \boldsymbol{C} \tag{2.35}$$

有了 M 个线性测量 $\boldsymbol{Y}$ 及 $\boldsymbol{\Phi}$，就可以高概率地重构出原始信号；事实上，由于 $M \ll N$，因此该问题为欠定方程组的求解，可通过如下的最优化方法完成：

$$\min \| C^e \|_{L_0} \quad \text{subject to} \quad Y = \varphi \psi C^e \tag{2.36}$$

其中，L_0 范数表示对应向量中非零元素的个数；求解该优化问题就可得到信号在 $\boldsymbol{\psi}$ 域系数的估计 $\boldsymbol{C}^e$，对 $\boldsymbol{C}^e$ 进行反变换便可得到原始信号 $\boldsymbol{X}$ 的精确或近似逼近。

可以看出，CS 理论主要涉及以下几个方面的内容：

(1)如何找到正交基或紧框架 $\boldsymbol{\psi}$，使得信号在 $\boldsymbol{\psi}$ 域上是"稀疏"的；

(2)如何构造测量矩阵 $\boldsymbol{\Phi}$，它应该满足什么样的性质，使得"稀疏"向量降维后重要信息不遭破坏；

(3)如何从少量的线性测量重构原始信号，即应该用什么方法来快速得到最优解。

　　对于第一个问题，为了实现信号的"稀疏"表示，经常使用的有傅里叶变换、DCT 变换、小波变换、多尺度几何分析、基于过完备原子库的"稀疏"分解等；虽然以 Contourlet 变换为代表的多尺度几何分析能在最优逼近意义下表示二维函数，但 Contourlet 的基函数在频域不够局部化，各方向子带之间存在频谱混叠，影响了变换系数的"稀疏"性，因此本章采用 AFCT 作为图像"稀疏"分解的工具。

　　对于第二个问题，Candes 指出测量矩阵 $\boldsymbol{\Phi}$ 与稀疏变换基 $\boldsymbol{\Psi}$ 必须极端不相似，并且要满足有限等距性质（restricted isometry property，RIP），这样 $\boldsymbol{\Phi}$ 在很大程度上具有随机性，满足高斯分布的白噪声矩阵或贝努利分布的 ± 1 矩阵（即 Noiselet）都可作为测量矩阵[30]，但它们均需巨大的存储空间，不适合大数据量的图像压缩感知测量。文献 [32] 采用扩展的有向图邻接矩阵理论，构造了一种满足 RIP 关系的稀疏测量矩阵，极大地提高了图像压缩感知测量的效率。

　　对于第三个问题，由于 L_0 范数优化是一个 NP 难问题，在多项式时间内难以求解，并无法验证解的可靠性，文献 [33] 认为，求解一个更加简单的 L_1 优化问题能产生同等的解，因此上述优化问题就变成

$$\min \|C^e\|_{L_1} \quad \text{subject to} \quad Y = \varphi\psi C^e \qquad (2.37)$$

这显然是一个凸优化问题，可以利用基追踪（basis pursuit，BP）进行求解，但其计算量较大，且重构精度不高；文献 [34] 指出，对于凸优化问题，也可以用迭代收缩（iterative shrinkage/threshold，IST）解决，而且为了提高 IST 的收敛速度，文献 [11] 提出了一种二步迭代收缩算法（two-step iterative shrinkage/threshold，TwIST），与 IST 不同，迭代过程中新的估计值取决于前两次的估计值，从而可以在重构中更快地得到目标解，因此本章采用 TwIST 实现信号重构。另一方面，由于 CS 的性能取决于信号的"稀疏"性，图像经 AFCT 分解后，其低频子图包含了大部分的能量，是原始图像的逼近表示，不具有"稀疏"性，可看成是图像的稠密成分，不适合于用 CS 进行处理；而各方向子图，由大量接近于 0 的系数及少数大幅值系数组成，具有"稀疏"性，可看成是图像的稀疏成份，因此可在 CS 框架下进行处理，这样做一方面可发挥 CS 的优势，另一方面也可进一步提高优化运算的速度。下面将详述该策略在气象云图融合中的具体应用。

2.3.3　结合 AFCT 及 CS 的气象云图融合实现

　　设两幅待融合气象云图 A 和 B 经过 J 层 AFCT 分解后，得到 $\{L_{J,A}, C_{j,A}^d\}$、$\{L_{J,B}, C_{j,B}^d\}$，其中 $L_{J,A}$ 和 $L_{J,B}$ 为低频子图，$C_{j,A}^d$ 和 $C_{j,B}^d$ 为 j 尺度的方向子图（d

方向)。为了获得视觉特性更佳、细节更丰富的融合效果，本章对低频子图和方向子图分别采用不同的融合规则。

1. 低频子图融合

低频子图可看成原始图像的逼近，不具有"稀疏"性，不适合于用CS进行处理，本章将其看成图像的稠密成分，采用如下的融合方法：比较两幅图像对应点的值，如果两个值的差小于阈值，则取两个值的平均作为融合值；如果两个值的差大于阈值，则取大值为融合值，该阈值由待融合图像的灰度平均值确定。这样做主要是基于以下考虑：

(1)低频子带系数的融合，常用方法是简单平均，但该方法没有考虑图像的边缘等特性，并会在一定程度上降低图像的对比度，因此本章采用选择与平均相结合的方法：如果两幅待融合图像对应系数的相关性大，则表示相应特征在两幅图像中都有所反映，选用平均的方法；如果相关性较弱，则选用能量较大的系数值作为融合结果；

(2)对于相关性的判断，我们计算对应系数的差值，如果差值小于阈值，表明对应系数比较接近，认为相关性大，否则认为相关性小；关于阈值的确定，我们将待融合图像对应系数的灰度平均值作为阈值，这主要考虑到人眼对较显著的差异比较敏感，因此对图像中较亮的位置选较高的阈值，对较暗的位置选较低的阈值。

2. 方向子图融合

对于各方向子图，我们将其看成图像的稀疏成分，在CS框架下进行融合处理，具体如下：

Step 1：构造去除稠密成分的待融合云图 $X_k^o = \psi C_k$（其中，$k = A$，B，ψC_k 表示将原始图像 AFCT 系数的低频子图置0，与各方向子图 $C_{j,k}^d$ 结合，进行 AFCT 反变换）；

Step 2：构造 $M \times N (M \ll N$，N 为图像的像素数)的测量矩阵 $\boldsymbol{\Phi}$，对 X_k^o 进行线性测量，得到测量值 Y_k；

Step 3：采用以下融合策略进行融合：

$$Y_F = Y_M \quad \text{with} \quad M = \underset{k=A,B}{\arg\max}(|Y_k|) \tag{2.38}$$

Step 4：解 L_1 优化问题，重构融合图像的各方向子带系数 C_F^e：

$$\min \|C_F^e\|_{L_1} \quad \text{subject to} \quad Y_F = \boldsymbol{\Phi} \psi C_F^e \tag{2.39}$$

Step 5：根据 AFCT 的分解结构，将各方向子带的融合系数 C_F^e 与低频子图的融合结果结合，进行 AFCT 反变换，得到融合图像。

在解 L_1 优化问题时，本章采用 TwIST 算法进行信号重构。根据凸集优化理论，式(2.39)可表示为

$$f(C_F) = \frac{1}{2}\|Y_F - \boldsymbol{\Phi}\psi C_F\|_2^2 + \lambda\|C_F\|_{L_1} \tag{2.40}$$

其中，$f(x)$ 为目标函数，参数 λ 的作用是折中目标函数两部分的比重，将 $f(x)$ 最小化就可得到最优解 C_F^e；文献 [11] 指出，该问题可采用 TwIST 算法求解，其核心是利用前两个估计值更新当前值，其迭代更新过程如下：

$$C_F^{(1)} = S_T(C_F^{(0)}) \tag{2.41}$$

$$C_F^{(i+1)} = (1-\alpha)C_F^{(i-1)} + (\alpha-\beta)C_F^{(i)} + \beta S_T(C_F^{(i)}) \tag{2.42}$$

式中，迭代初值取待融合系数 C_A 和 C_B 的均值，S_T 为迭代阈值算子，参数 α、β 取[35]：

$$\alpha = p^2 + 1 \tag{2.43}$$

$$\beta = \frac{2\alpha}{1 + 10 - 4} \tag{2.44}$$

$$p = \frac{1 - 10 - 2}{1 + 10 - 2} \tag{2.45}$$

在迭代过程中，迭代阈值算子 S_T 的形式为

$$S_T(C_F^{(i+1)}) = \text{threshold}\left(C_F^{(i)} + \frac{\boldsymbol{\Phi}^T(Y_F - \boldsymbol{\Phi}\psi C_F^{(i)})}{s}\right) \tag{2.46}$$

式中，s 为迭代步长，threshold 为硬阈值函数，阈值 $T^{(i)}$ 取 $\sigma^{(i)}\sqrt{2\log N}$，$\sigma^{(i)}$ 由鲁棒的中值估计器确定：

$$\sigma^{(i)} = \frac{\text{median}(|C_F^{(i)}|)}{0.6745} \tag{2.47}$$

迭代终止条件通过目标函数确定，设终止函数为

$$E(C_F^{(i)}, C_F^{(i-1)}) = \frac{|f(C_F^{(i)}) - F(C_F^{(i-1)})|}{f(C_F^{(i-1)})} \tag{2.48}$$

若 $E(C_F^{(i)}, C_F^{(i-1)}) < \delta$，则停止迭代，$C_F^{(i)}$ 即为方向子带的融合系数 C_F^e。

2.3.4　实验结果及分析

利用本章所提出的融合方法对红外云图与可见光云图进行融合实验；实验图像取自 MTSAT 卫星 2009 年 8 月 6 日 12 时 06 分的红外 IR1 通道和可见光通道，为了便于处理，我们从原始图像中剪切 512×512 像素的区域(我国东南部海域及沿海地区，剪切的原则是保证图像上系统云系相对完整)，如图 2.13 所示；当时

(a)红外云图　　　　　　　　　　　　　　　(b)可见光云图

图 2.13　待融合云图

台风"莫拉克"已经生成,从图中可清楚地看到台风气旋。由于红外云图的像素值代表的是物体热辐射温度的高低,越白的区域代表越冷的物体,而可见光云图的像素值代表的是物体在阳光反射下的反射率的高低,越白的区域代表明亮光滑反射强的物体,因此红外云图和可见光云图所反映的云层特征各有侧重,将它们融合处理的目的就是为后续的云团分割及自动识别提供包含更多信息的图像数据,尤其是使融合后的图像具有更丰富的纹理特征,同时弥补红外和可见光云图各自的不足和缺陷。

　　实验中,AFCT 的分解层次为三级,依尺度从细到粗,分解方向数分别为[16,8,4]。关于分解层次及每层方向数的选取方法,本章的主要依据是针对MTSAT 云图,在空域运用动态阈值法[36]进行云检测时像素邻域的选取经验。实际融合处理时,低频子图按 4.1 节所述的方法进行融合,在对方向子图采用CS 策略融合时,测量矩阵选用测量率为 $M/N = 0.5$ 的稀疏矩阵[8]。为了彰显本章所提融合方法的合理性,我们也尝试实现了基于 Contourlet 的方法(contourlet-based method),并与 Rockinger Oliver 所提供的像素平均法(simple pixel average method)及基于小波的方法(wavelet-based method)进行了对比[37],结果如图 2.14 所示。

　　可以看出,融合图像将不同通道的云图信息有效地结合起来,充分利用了红外波段和可见光波段的信息互补性,达到了有利于后续处理的目的。对比来看,简单像素平均融合法的融合后图像略得模糊,对纹理细节的表达能力不强;小波变换融合法的融合图像中出现了蚊状"伪影",特别是在气旋的外围边缘附近;基于原始 Contourlet 变换的融合结果中有较明显的发丝状"伪影"(这种现象在局部放大的图像中是很明显的,限于篇幅,不再给出);而本章方法所生成的融合图像未造成图像模糊、不均匀等现象,并使红外和可见光云图的纹理信息及图像概貌都不同程度地体现在融合云图上，视觉效果更好。为定量评价融合效果，本章采用熵(entropy)、标准差(standard deviation)及平均梯度(average gradient)作为客观评价指标。一般来说，图像的信息熵值是反映图像信息丰富程度的一个重要指标，熵的大小表示了图像所含平均信息量的多少，而图像的标准差及平均梯度可敏感地反映融合图像的清晰度，平均梯度越大，说明融合图像越清晰。由于云图融合的目的往往是在保持图像清晰度的前提下增加图像所蕴涵的纹理等细节信息，因此对于云图融合而言，它们的值越大，说明融合效果和质量越好。表 2.3 给出了具体的量化评价指标。

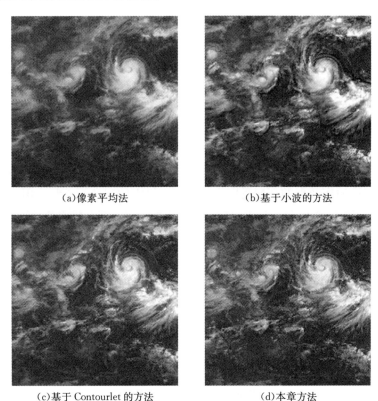

(a)像素平均法   (b)基于小波的方法

(c)基于 Contourlet 的方法   (d)本章方法

图 2.14 云图的融合结果

表 2.3 融合结果性能评价

融合方法	熵	标准差	平均梯度
简单像素平均法	6.8139	31.2127	12.7364
基于小波的方法	7.0394	37.3269	15.5753
基于 Contonrlet 的方法	7.0233	37.0458	15.3241
本章方法	7.0472	38.0188	15.5882

可以看出，在不同的评价指标上，本章方法都明显优于简单像素平均法，究

其原因，我们认为气象云图多是纹理型的，局部的纹理细节比较丰富，本章所提出的 AFCT 能很好地表达沿纹理的图像奇异性，正好适合处理此类信号；而且本章方法对云图中的稠密成分和稀疏成分采用不同的融合策略，发挥了 CS 技术的优势。虽然在定量指标上本章方法接近小波变换法及原始 Contourlet 变换法，但考虑到由于"伪影"干扰所造成的指标虚高，本章方法的优越性也是明显的。综合来看，本章所提出的融合方法不仅利用了 AFCT 的优良特性，而且可以发挥 CS 技术的优势，有望给图像融合带来一种新思路。

2.4　基于过完备字典稀疏表示的云图超分辨率

目前，气象卫星虽能提供相当多的成像通道，但不同通道数据的分辨率往往不同。比如，由于受接收辐射的波长和技术水平的限制，红外通道数据的分辨率往往较低，这对综合使用多通道数据进行分析不利，也会增加分析设计的难度[38,39]；如果对高分辨率通道的数据进行抽样，使其与低分辨率通道的数据一致，则对宝贵的高精度数据信息是一种浪费。因此，设计相应的超分辨率算法，使得低分辨率通道数据的精度得以提升就有着极大的现实意义和应用价值。

自 20 世纪 60 年代 Harris 提出超分辨率思想以来，超分辨率技术得到了学术界的广泛重视，出现了一些行之有效的算法，并在遥感图像处理中得到了应用[40,41]。然而，目前的遥感图像超分辨率算法大都未考虑卫星云图纹理结构的复杂性及不规则性，仅适用于特定的成像模型。例如，传统的插值放大算法本质上并不能增加图像的有效信息，且随着放大倍数的增加，在图像的边缘区域会出现严重的振铃或棋盘现象；基于重构约束的算法则根据假设的成像模型，通过多帧或单帧低分辨率图像的逆向求解，复原出高分辨率图像，但由于此类反问题严重的病态性，往往不易得到稳定的结果。Chang 等从流形学习理论出发，认为低分辨率图像空间与高分辨率图像空间具有相似的流形，提出一种称为邻域嵌入(neighbor embedding，NE)的超分辨率算法[42]。该算法通过训练样本建立低分率图像块与高分辨率图像块的映射关系，并根据相邻低分辨率图像块的线性组合来预测对应的高分辨率图像块，但该算法计算复杂性较高，且所得的高分辨率图像往往过于平滑。

近年来，以过完备字典、多尺度几何分析等为代表的图像稀疏表示理论引起了人们的极大关注[43]，该理论认为自然图像在合适的过完备字典下总存在稀疏表示[44,45]。图像稀疏表示模型能够刻画图像的内在结构和先验属性，在图像去噪、去模糊、压缩传感等反问题中得到了广泛的应用；受稀疏表示理论的启发，本章借鉴 NE 算法的思想，提出了一种基于过完备字典稀疏表示的云图超分辨率算法，并针对红外与可见光云图进行了数值实验。实验结果不仅验证了本章算法的有效性，而且与传统的插值方法相比，本章的超分辨率算法能够更好地重构云图的纹理、轮廓等几何结构，使放大后图像具有更高的峰值信噪比。

2.4.1　算法基本原理

设具有 N 个原子项的过完备字典 $D \in R^{n \times N}(N > n)$ 可稀疏表示信号 $X \in R^n$，即 $X = D\alpha_0$，其中系数 $\alpha_0 \in R^N$ 仅包含 m 个非零项 $(m \ll N)$，可以构造测量矩阵 $\varphi \in R^{k \times n}(k < n)$，对 $X = D\alpha_0$ 进行投影变换，得到测量值 $Y \in R^k$，即 $Y = \varphi X = \varphi D\alpha_0$；不失一般性，我们可将 X 看成是高分辨率图像（或图像块），Y 为对应的低分辨率图像（或图像块），则图像超分辨率问题就转化为通过测量值 Y 寻求稀疏表示系数 α_0，进而重构出高分辨率图像 X。由于 $k < n$，该问题是一个欠定问题，根据压缩传感理论[46]，如果 α_0 足够稀疏，且 φ 和 D 满足有限等容性，则该欠定问题就存在稳定解，这就为图像超分辨率处理提供了一种新思路，而设计合适的过完备字典并求得稀疏表示系数就成为问题的关键。

本章借鉴 Chang 所提出的低分辨率图像空间与高分辨率图像空间具有相似流形的思想[42,47]，假定低分辨率与高分辨率云图块关于各自的过完备字典具有相似的稀疏表示，通过将训练样本分块，建立成对的低分辨率与高分辨率样本云图块，采用合理的过完备字典联合训练算法，训练出一对过完备字典 D_l 和 D_h，其中 D_h 用于稀疏表示高分辨率云图块，D_l 用于稀疏表示低分辨率云图块。在实际超分辨率处理中，将低分辨率云图以同样的方法分块，求解待处理云图的各低分辨率云图块在字典 D_l 上的稀疏表示，并将低分辨率云图块关于 D_l 的稀疏表示系数直接作用于 D_h，从而预测出对应的高分辨率云图块；同时，为了消除重构云图的块效应，本章采用一种部分交叠的分块方案，并运用最速下降法得到满足重构约束的高分辨率云图。

2.4.2　过完备字典对的联合训练

首先，将用于训练的高分辨率与对应的低分辨率云图分块，从中选取 K 对子云图块，组成训练样本对：$T = \{X^h, Y^l\}$，其中 $X^h = \{x_i\}_{i=1}^K$ 为高分辨率云图块，$Y^l = \{y_i\}_{i=1}^K$ 为对应的低分辨率云图块（或提取的特征）。我们的目标是训练出一对包含样本结构的字典 D_h 和 D_l，使得 x_i 和 y_i 在 D_h 和 D_l 上具有相同的稀疏表示，而且 x_i 和 y_i 具有相同的表示系数，即

$$\{\boldsymbol{D}_h, \boldsymbol{\alpha}\} = \underset{D_h, \alpha}{\arg\min} \|\boldsymbol{X}^h - \boldsymbol{D}_h\boldsymbol{\alpha}\|_2^2 + \sum_{i=1}^K \lambda_i \|\boldsymbol{\alpha}_i\|_1 \tag{2.49}$$

$$\{\boldsymbol{D}_l, \boldsymbol{\alpha}\} = \underset{D_l, \alpha}{\arg\min} \|\boldsymbol{Y}^l - \boldsymbol{D}_l\boldsymbol{\alpha}\|_2^2 + \sum_{i=1}^K \lambda_i \|\boldsymbol{\alpha}_i\|_1 \tag{2.50}$$

其中，$\boldsymbol{\alpha} = \{\boldsymbol{\alpha}_i\}_{i=1}^K$ 为稀疏表示系数；λ_i 用于平衡系数的稀疏性及其对原始信号的逼近能力。为了使低分辨率云图块与对应的高分辨率云图块关于各自的字典具有相同的稀疏表示，对式(2.49)、式(2.50)两式联合训练：

$$\{\boldsymbol{D}_h, \boldsymbol{D}_l, \boldsymbol{\alpha}\} = \underset{D_h, D_l, \alpha}{\arg\min} \frac{1}{N} \| \boldsymbol{X}^h - \boldsymbol{D}_h\boldsymbol{\alpha} \|_2^2$$

$$+ \frac{1}{M}\|\boldsymbol{Y}^l - \boldsymbol{D}_l\boldsymbol{\alpha}\| + \left(\frac{1}{N} + \frac{1}{M}\right) \sum_{i=1}^K \lambda_i \|\boldsymbol{\alpha}_i\|_1 \tag{2.51}$$

其中，N 和 M 分别为高分辨率云图块与低分辨率云图块的像素数，$1/N$，$1/M$ 可用于平衡代价函数(2.49)和(2.50)。为了方便求解，将式(2.51)写成

$$\{\boldsymbol{D}_C, \boldsymbol{\alpha}\} = \underset{D_C, \alpha}{\arg\min} \|X_C - D_C\boldsymbol{\alpha}\|_2^2 + \sum_{i=1}^K \lambda_i' \|\boldsymbol{\alpha}_i\|_1 \tag{2.52}$$

其中

$$\boldsymbol{D}_C = \begin{bmatrix} \dfrac{1}{\sqrt{N}} D_h \\ \dfrac{1}{\sqrt{M}} D_l \end{bmatrix}, \quad \boldsymbol{X}_C = \begin{bmatrix} \dfrac{1}{\sqrt{N}} X^h \\ \dfrac{1}{\sqrt{M}} Y^l \end{bmatrix}, \quad \lambda_i' = \left(\frac{1}{N} + \frac{1}{M}\right)\lambda_i$$

式(2.52)可采用迭代的方法求解，首先给定字典 $\boldsymbol{D}_C$，求解每对训练样本 $X_{c,i}$ 在 $\boldsymbol{D}_C$ 上的稀疏表示 $\boldsymbol{\alpha}_i$，得到稀疏表示矩阵 $\boldsymbol{\alpha} = \{\boldsymbol{\alpha}_i\}_{i=1}^K$；然后根据 $\boldsymbol{\alpha}$ 更新字典 $\boldsymbol{D}_C$，具体步骤如下：

Step 1：采用高斯随机矩阵初始化 $\boldsymbol{D}_C$。

Step 2：固定字典 $\boldsymbol{D}_C$，求 α。在这一阶段，假设字典 $\boldsymbol{D}_C$ 是固定的，求解各训练样本在 $\boldsymbol{D}_C$ 上的表示系数，即

$$\boldsymbol{\alpha}_i = \underset{\alpha_i}{\arg\min} \|\boldsymbol{X}_{c,i} - \boldsymbol{D}_c\boldsymbol{\alpha}_i\|_2^2 + \lambda_i' \|\boldsymbol{\alpha}_i\|_1 \tag{2.53}$$

上式为 L_1 优化问题，可采用基追踪、迭代收缩等算法求解[48,49]。

Step 3：固定 $\boldsymbol{\alpha}$，更新字典 $\boldsymbol{D}_C$。在这一阶段，稀疏表示系数 $\boldsymbol{\alpha}_i$ 是已知的，式(2.52)可忽略等号右边的第二项，即

$$\boldsymbol{D}_C = \underset{D_C}{\arg\min} \|\boldsymbol{X}_C - \boldsymbol{D}_C\boldsymbol{\alpha}\|_2^2 \tag{2.54}$$

上式为一个二次规划问题，本章采用 Lee 所给出的方法求解[50]。

Step 4：返回 Step 2，进行迭代。

算法经过有限次迭代(本章实验中给定迭代次数为 25)，便可获得问题(4)的

解，从而训练出所需的过完备字典对 $\{\boldsymbol{D}_h, \boldsymbol{D}_l\}$。

2.4.3 基于稀疏表示的云图超分辨率实现

下面讨论如何将训练得到的字典对 $\{\boldsymbol{D}_h, \boldsymbol{D}_l\}$ 应用于云图超分辨率处理。首先对待处理的低分辨率云图进行分块，对于每个低分辨率云图块 $\boldsymbol{y}_i$，考虑如下的优化问题：

$$\boldsymbol{\alpha}_i = \underset{\boldsymbol{\alpha}_i}{\operatorname{argmin}} \| F \boldsymbol{D}_l \boldsymbol{\alpha}_i - F \boldsymbol{y}_i \|_2^2 + \lambda_i \| \boldsymbol{\alpha}_i \|_1 \tag{2.55}$$

式中，F 为特征提取算子。上式右边第一项衡量重构云图与原始云图的总体相似程度，第二项是稀疏性约束。虽然求解式(2.55)可得到每个低分辨率云图块的表示系数 $\boldsymbol{\alpha}_i$，将其作用于 $\boldsymbol{D}_h$，便可求得对应的高分辨率云图块 $\boldsymbol{x}_i = \boldsymbol{D}_h \boldsymbol{\alpha}_i$。然而，如果对每个云图块单独处理，则会在重构的高分辨率云图中引入块效应，为了减轻这一负面影响，本章采用一种块重叠的联合优化方案，并引入最速下降法，使得高分辨率云图满足重构约束条件，具体如下：

Step 1：针对待处理的低分辨率云图，设计一种具有重叠像素的分块方法，本章采用使得每一云图块 $\boldsymbol{y}_i$ 的大小为 3×3，重叠度为 1，即相邻块重叠一行或一列，具有 3 个重叠像素(如果放大 2×2 倍，则对应的高分辨率云图块 $\boldsymbol{x}_i$ 的大小为 6×6，重叠度为 2，具有 12 个重叠像素；同理，如放大 3×3 倍，则重叠度为 3)。

Step 2：按光栅扫描的顺序对每一云图块进行处理，通过联合求解如下优化问题，得到云图块的稀疏表示系数 $\boldsymbol{\alpha}_i$：

$$\boldsymbol{\alpha}_i = \underset{\boldsymbol{\alpha}_i}{\operatorname{argmin}} \| F \boldsymbol{D}_l \boldsymbol{\alpha}_i - F \boldsymbol{y}_i \|_2^2 + \lambda \| \boldsymbol{\alpha}_i \|_1 \tag{2.56}$$

$$\boldsymbol{\alpha}_i = \underset{\boldsymbol{\alpha}_i}{\operatorname{argmin}} \| O \boldsymbol{D}_h \boldsymbol{\alpha}_i - \boldsymbol{R} \|_2^2 + \beta \| \boldsymbol{\alpha}_i \|_1 \tag{2.57}$$

式中，O 为提取重叠区域的算子；$\boldsymbol{R}$ 为由相邻已重构的高分辨率云图块中与当前处理块重叠的像素所组成的矩阵。为简单起见，Lagrange 乘子 λ 和 β 均取 1，则式(2.56)、式(2.57)可写成

$$\boldsymbol{\alpha}_i = \underset{\boldsymbol{\alpha}_i}{\operatorname{argmin}} \| \boldsymbol{D}' \boldsymbol{\alpha}_i - \boldsymbol{y}' \|_2^2 + \| \boldsymbol{\alpha}_i \|_1 \tag{2.58}$$

式中，$\boldsymbol{D}' = \begin{bmatrix} F \boldsymbol{D}_l \\ O \boldsymbol{D}_h \end{bmatrix}$，$\boldsymbol{y}' = \begin{bmatrix} F \boldsymbol{y} \\ \boldsymbol{R} \end{bmatrix}$。

Step 3：生成对应的高分辨率云图块 $\boldsymbol{x}_i = \boldsymbol{D}_h \boldsymbol{\alpha}_i$。

Step 4：对每一云图块都处理完成后，组成初始的高分辨率云图：$\boldsymbol{X}_0 = \{\boldsymbol{x}_i\}_{i=1}^K$。

Step 5：针对 $\boldsymbol{X}_0$，解如下优化问题，使得最终的高分辨率云图满足重构约束

条件：

$$X = \underset{X}{\mathrm{argmin}} \|SBX - Y\|_2^2 + \|X - X_0\|_2^2 \qquad (2.59)$$

式中，B 是云图的模糊降晰算子(考虑到卫星云图的低通模糊主要是由大气湍流引起的，其转移函数可近似为：$B(u,v) = \exp\left[-c\,(u^2+v^2)5/6\right]$，本章中 c 取 0.00025)，S 为下采样算子。式(2.59)右边第一项表示云图降晰模型，第二项描述重构图像与理想图像的总体相似程度。对式(2.59)采用最速下降法求解，得到较理想的超分辨率云图 X。

2.4.4　实验结果与分析

下面将通过数值实验来验证本章超分辨率算法的有效性，并与 Chang 提出的 NE 算法(邻域数目参数 k 取 10)、基于插值放大的最近邻插值算法及双三次插值算法进行比较。实验分别从超分辨率云图的视觉效果、峰值信噪比(PSNR)及信息熵(entropy)等方面来评价不同算法的性能。

训练云图取自 MTSAT 卫星的高分辨率通道(可见光通道)，首先选取一系列原始的可见光云图，经模糊降质并下采样后得到低分辨率云图，然后按第 2.3 节所述的方法对高、低分辨率云图分块，从而形成高、低分辨率云图块的样本对。本章共提取出 10000 对云图块作为训练样本，所训练出的字典 D_l 和 D_h 均包含 1024 个原子(此字典对可用于实现 2×2 的超分辨率放大，如要改变放大倍数，只需重新训练合适的字典对即可)。在具体的算法实现中，需要考虑特征选择的问题，由于针对云图的超分辨率处理，低分辨率云图的高频部分比低频部分包含更多的有用信息，因此采用 Chang 所采用的方法[42]，选一阶模板 $[-1, 0, 1]$ 和二阶模板 $[1, 0, -2, 0, 1]$ 作为式(2.55)、式(2.56)中的特征提取算子。

我们将训练所得的过完备字典对用于可见光及红外云图的超分辨率处理，选取 MTSAT 卫星 2009 年 8 月 6 日 12 时 06 分的红外 IR2 通道和可见光通道数据作为测试云图，当时台风"莫拉克"已经生成，为了便于分析处理结果，我们从原始图像中剪切出特定的区域，剪切的原则是保证图像中台风云系相对完整。对于可见光云图，由于其本身具有较高的分辨率，我们设计仿真实验，首先按云图退化模型降质及下采样生成低分辨率云图，然后进行放大，并从峰值信噪比及信息熵两方面考察算法性能；而对于红外云图，由于其原始分辨率较低，对它直接进行超分辨率处理，以测试不同算法的实际放大效果，并仅从信息熵角度评价算法性能。图 2.15 给出了采用不同方法的可见光云图 2×2 放大的仿真结果。

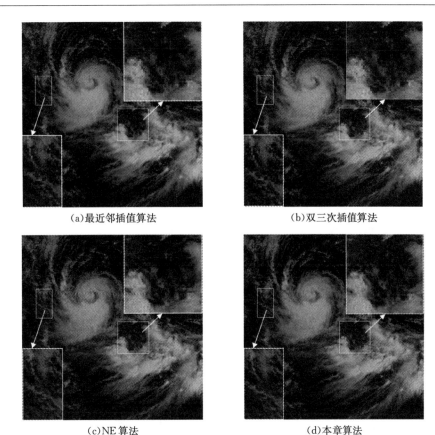

(a)最近邻插值算法　　　　　　　　　　　　　　　(b)双三次插值算法

(c)NE算法　　　　　　　　　　　　　　　　　(d)本章算法

图 2.15　不同方法的超分辨重建图像

从实验结果看，基于插值的算法尽管能较好地放大云图中的大尺度结构，但对小尺度的纹理信息损失严重，从局部放大的区域可以明显看出，插值运算的结果存在严重的棋盘格效应，且图像整体比较模糊；NE 算法与本章算法虽然均能有效地保持纹理等小尺度细节，但本章算法的重建结果更加清晰，且 NE 算法重建结果的优劣取决于能否合理选取邻域数目。另一方面，NE 算法的计算复杂度较高(当算法运行于 Core 1.83G CPU，1MB RAM 的笔记本电脑上时，NE 算法和本章算法的平均重构时间分别为 93.51s 和 37.26s)，因此相对来说本章算法更快。

为了定量评价不同算法的性能，本章采用峰值信噪比及信息熵作为客观评价指标，对于云图超分辨率而言，PSNR 衡量了超分辨率结果相对于原始高分辨率云图的保真度，而信息熵度量了云图包含信息量的多少，一般来说它们的值越大，超分辨率的效果和质量越好。同时，为了测试本章算法针对其他卫星云图的可行性和有效性，本章同时选取 FY/2D 卫星 2011 年 3 月 25 日 12 时 30 分中国陆地区域的 IR2 通道和可见光通道数据进行超分辨率实验。表 2.4 分别给出了

MTSAT 卫星与 FY/2D 卫星数据的量化评价指标(对于红外云图,由于直接对其进行超分辨率处理,因此仅从信息熵角度评价算法性能)。

表 2.4　不同算法重建结果 PSNR 和 Entropy 的比较

卫星数据	不同算法	可见光云图		红外云图(IR2)	
		PSNR	Entropy	PSNR	Entropy
MTSAT 卫星	本章算法	32.6693	7.5127	—	7.2304
	NE 算法	32.6704	7.2119	—	7.1291
	最近邻插值算法	27.0065	6.9364	—	7.0338
	双三次插值算法	28.4253	7.0142	—	7.0556
FY/2D 卫星	本章算法	35.8905	7.2872	—	6.9230
	NE 算法	35.2735	7.2145	—	6.8745
	最近邻插值算法	29.1769	7.0524	—	6.5237
	双三次插值算法	31.2348	7.0891	—	6.6381

从表 2.4 可以看出,不管对于可见光还是红外云图,本章算法在不同的评价指标上都明显优于插值放大算法,其中最近邻插值算法具有最低的 PSNR 和信息熵,NE 算法虽然在 PSNR 指标上与本章算法接近,但在信息熵指标上相对较差,这也印证了 NE 算法所得的超分辨率结果往往过于平滑,损失了一定的细节信息;究其原因,我们认为气象云图多是纹理型的,局部的纹理细节比较丰富,本章所训练的过完备字典对能很好地表达云图的纹理特征,正好适合处理此类信号。

2.5　本 章 小 结

本章首先将受噪声污染的卫星云图看成由有用信号和噪声信号两部分组成,并从稀疏表示的角度指出有用信号可以认为是稀疏成分,因此可以通过设定稀疏表示的阈值从噪声云图中恢复出理想的云图;其次,针对卫星云图的数据缺失问题,提出了一种基于块匹配的卫星云图稀疏修复算法,通过对图像修复区域进行分块处理,提取与待修复点纹理结构相似的匹配块,然后采用稀疏表示的方式训练相应的过完备字典,重建该破损区域,最终沿着等照度线不断更新优先权值,将整幅云图完美修复;再次,基于多尺度几何分析和压缩感知所蕴涵的先进思想,提出了一种新颖的气象云图融合算法;最后,本章将过完备字典稀疏表示理论融入云图超分辨率处理中,通过学习获得包含高、低分辨率云图信息的过完备字典对，采用重叠分块方案，求解低分辨率云图在字典上的稀疏表示，并将表示系数用于对应的高分辨率字典，重构出高分辨率云图。通过本章云图预处理技术的研究，为下阶段开展深入的云图分析奠定了基础。

参 考 文 献

[1] Thomas F, Remy R. An Algorithm for the detection and tracking of tropical mesoscale convective systems using infrared images from geostationary satellite. IEEE Transactions on Geoscience and Remote Sensing, 2013, 7(51): 4302-4315.

[2] 刘延安, 魏鸣, 高炜, 等. FY-2 红外云图中强对流云团的短时自动预报算法. 遥感学报, 2012, 16(1): 86-92.

[3] Ricciardelli E, Romano F, Cuomo V. Physical and statistical approaches for cloud identification using meteosat second generation-spinning enhanced visible and infrared imager data. Remote Sensing of Environment, 2008, 112(6): 2741-2760.

[4] 余远东. 气象卫星遥感云图和水汽图的图像处理及强云团识别. 武汉理工大学博士学位论文, 2007.

[5] Donoho, D L. De-noising by soft thresholding . IEEE Transactions on Information Theory, 1995, 41(5): 613-627.

[6] Mairal J, Elad M, Sapiro G. Sparse representation for color image restoration. IEEE Transactions on Image Processing, 2008, 17(1): 53-69.

[7] Wright J, Yang A Y, Ganesh A, et al. Robust face recognition via sparse representation. IEEE Transactions on Pattern Analysis and Machine Intelligence, 2009, 31(2): 210-227.

[8] Elad M, Aharon M. Image denoising via sparse and redundant representations over learned dictionaries. IEEE Transactions on Image Processing, 2006, 15(12): 3736-3745.

[9] Hyungkeuk L, Heeseok O, Sanghoon L, et al. Visually weighted compressive sensing: measurement and reconstruction. Journal of Signal Processing, 2013, 22(4): 1444-1455.

[10] 赵妙, 周其永, 毛成忠. FY 卫星系统云图失真问题的一种解决方法. 气象水文海洋仪器, 2011, 2(6): 114-118.

[11] 朱长明, 沈占锋, 骆剑承, 等. 基于 MODIS 数据的 Landsat-7 SLC-off 影像修复方法研究. 测绘学报, 2010, 39(6): 251-256.

[12] 吕恒毅, 刘杨, 薛旭成. 遥感图像星上背景扣除和灰度拉伸方案与实验. 液晶与显示, 2012, 27(2): 235-210.

[13] Bertalmio M, Sapiro G, Caselles V, et al. Proceedings of International Conference on Computer Graphics and Interactive Techniques. New Orleans, Louisiana USA, 2000, 1: 417-424.

[14] Criminisi A, Perea P, Toyama K. Region filling and object removal by exemplar-based image inpainting. IEEE Transactions on Image Processing, 2004, 13(9): 1200-1212.

[15] 冯亮, 王平, 许廷发, 等. 运动模糊退化图像的双字典稀疏复原. 光学精密工程, 2011, 19(8): 1982-1989.

[16] Zhou M, Chen H, Paisley J, et al. Nonparametric Bayesian dictionary learning for analysis of noisy and incomplete images. IEEE Transactions on Image Processing, 2012, 21(1): 130-144.

[17] 曾文静, 万磊, 张铁栋, 等. 复杂海空背景下弱小目标的自动检测. 光学精密工程, 2012,

20(2)：0403-0413.

[18] 李民，程建，李小文，等. 非局部学习字典的图像修复. 电子与信息学报，2011，33（11）：2672-2678.

[19] 李长洋. 基于稀疏性的图像分层修复. 西南交通大学硕士学位论文，2010.

[20] 刘洋，田小建，王晴，等. 采用局部分形的高效图像分割方法在红外云图处理中的应用. 光学精密工程，2011，19(6)：1367-1375.

[21] Wang Z, Bovik A C, sheikh H R, et al. Image quality assessment From error visibility to structural similarity. IEEE Transactions on Image processing, 2004, 13(4)：600-612.

[22] Aharon M, Elad M, Bruckstein A. K-SVD：an algorithm for designing overcomplete dictionaries for sparse representation. IEEE Trans. Signal Process, 2006, 54(11)：4311-4322.

[23] 吴君钦，李艳丽，刘昊. "类整数 DCT" 变换基去相关性能分析. 液晶与显示，2013，28(2)：278-284.

[24] Getreuer P. RED：tvreg v2：Variational Imaging Methods for Denoising, Deconvolution, Inpainting, and Segmentation [OL]. http：//www. mathworks. com/matlabcentral/fileexchange/29743-tvreg. 2012. 11.

[25] Pao T L, Yeh J H. Typhoon locating and reconstruction from the infrared satellite cloud image. Journal of multimedia, 2008, 3(2)：45-51.

[26] Kubo M, Muramoto K I. Classification of clouds in the Japan Sea area using NOAA AVHRR satellite images and self-organizing map. IEEE International Geoscience and Remote Sensing Symposium, Barcelona, Spain, 2007：2056-2059.

[27] Li L J, Wu Y B. Application of remote-sensing-image fusion to the monitoring of mining induced subsidence. Journal of china university of mining & technology, 2008, 18(4)：531-536.

[28] Minh N D, Martin V. The contourlet transform：an efficient directinal multiresolution image representation. IEEE Trans. on Image Processing, 2005, 14(12)：2091-2106.

[29] Donoho D. Compressed sensing. IEEE Trans. on Information Theory, 2006, 52(4)：1289-1306.

[30] Candes E, Wakin M B. An introduction to compressive sampling. IEEE Signal Processing Magazine, 2008, 48(4)：21-30.

[31] 冯鹏，魏彪，米德伶，等. 基于抗混叠轮廓波变换系数分布模型的去噪算法研究. 仪器仪表学报，2009，30(11)：2361-2365.

[32] Berinde R, Indyk P. Sparse recovery using sparse random matrices. http：//people. csail. mit. edu/indyk/report. pdf, 2009. 5.

[33] Donoho D L. For most large underdetermined systems of linear equations, the minimal ell-1 norm near-solution approximates the sparsest near-solution. Communications on Pure and Applied Mathematics, 2006, 59(7)：907-934.

[34] Daubechies I, Defriese M, Mol C D. An iterative thresholding algorithm for linear inverse problems with a sparsity constraint. Communications on Pure and Applied Mathematics, 2004, (LVII)：1413-1457.

[35] Bioucas-dias J M, Figueirdo M A. A new TwIST：two-step iterative shrinkage/thresholding algorithms for image restoration. IEEE Trans. on Image processing, 2007, 16(12)：2992-3004.

[36] Alan V D, Willian E. An automated, dynamic threshold cloud-masking algorithm for daytime AVHRR

images over land. IEEE Trans. on Geoscience and Remote Sensing, 2002, 40(8): 1682-1694.

[37] Rockinger O. Image fusion toolbox, http: //www. metapix. de/fusetool. zip, 2009. 1.

[38] Georgiev C G, Kozinarova G. Usefulness of satellite water vapour imagery in forecasting strong convection: a flash-flood case study. Atmospheric Research, 2009, 93(1-3): 295-303.

[39] Ricciardelli E, Romano F, Cuomo V. Physical and statistical approaches for cloud identification using Meteosat Second Genera-tion-Spinning Enhanced Visible and Infrared Imager Data. Remote Sensing of Environment, 2008, 112(6): 2741-2760.

[40] Merino M T, Nunez J. Super-resolution of remotely sensed images with variable-pixel linear reconstruction. IEEE Transactions on Geoscience and Remote Sensing, 2007, 45(5): 1446-1457.

[41] Li F, Jia X P, Fraser D, et al. Super resolution for remote sensing images based on a universal Hidden Markov Tree model. IEEE Transactions on Geoscience and Remote Sensing, 2010, 48(3): 1270-1278.

[42] Chang H, Yeung D Y, Xiong Y M. Super-resolution through neighbor embedding. IEEE Conference on Computer Vision and Pattern Classification(CVPR), 2004, 1: 275-282.

[43] 冯鹏, 魏彪, 潘英俊, 等. 基于拉普拉斯塔型变换的 Contourlet 变换频谱混叠特性分析. 光学学报, 2008, 28(11): 2090-2096.

[44] Elad M, Aharon M. Image denoising via sparse and redundant representations over learned dictionaries. IEEE Transactions on Image Processing, 2006, 15(12): 3736-3745.

[45] Rauhut H, Schnass K, Vandergheynst P. Compressed sensing and redundant dictionaries. IEEE Transactions on Information Theory, 2008, 54(5): 2210-2219.

[46] Provost J, Lesage F. The application of compressed sensing for photo-acoustic tomography. IEEE Transactions on Medical Imaging, 2009, 28(4): 585-594.

[47] Yang J C, Wright J, Huang T, et al. Image super-resolution as sparse representation of raw image patches. IEEE Conference on Computer Vision and Pattern Classification(CVPR): 2008: 1-8.

[48] Donoho D L. For most large underdetermined systems of equations, the minimal norm near-solution approximates the sparsest near-solution. Communications on Pure and Applied Mathematics, 2006, 59(7): 907-934.

[49] Bioucas-Dias J M, Figueiredo M A T. A new TwIST: two-step iterative shrinkage/thresholding algorithms for image restoration. IEEE Transactions on Image Processing, 2007, 16 (12): 2992-3004.

[50] Lee H, Battle A, Raina R, Ng A Y. Efficient sparse coding algorithms. Advances in Neural Information Processing Systems(NIPS). 2007, 20: 801-808.

第3章 卫星云图压缩感知

卫星云图由于数据量庞大，在获取、传输及存储中都要付出很高的代价。为了有效地减小云图的采样率及数据量，本章针对卫星云图压缩感知重建开展研究，提出了一种云图压缩感知新方法。该方法将善于表达图像方向纹理及边缘信息的 Tetrolet 变换引入压缩感知的稀疏表示环节，从而很好地刻画了卫星云图细节丰富、纹理结构复杂的特性；同时，考虑到卫星云图序列间的相关性，将时间相邻的卫星云图组成图像组，以中间时刻云图作为参考图片，计算其与相邻时次云图的差异，通过在参考图片及序列差异图片间合理分配采样率，获取测量数据，在压缩感知框架下，采用带平滑处理的投影 Landweber 算法，重构出相邻时次的图像组。实验结果表明，Tetrolet 变换适用于卫星云图的稀疏表示，而且图像组时空相关性的利用可显著提高重构云图的视觉效果及客观评价指标；在采样率低于 0.2 时，红外1、水汽和可见光三通道重构云图的峰值信噪比（PSNR）较传统方法平均提高了 7.48dB，13.51dB 和 6.15dB。

3.1 引　　言

作为遥感技术的重要分支，卫星云图在气象业务保障、短中长期天气预报、气候分析和预测及强对流云团的识别与跟踪等方面具有广泛的应用[1]。然而，为了获取高分辨率的云图，必须提高成像系统的分辨率，这势必增加星载可见光红外扫描辐射计的制造成本；同时云图浩大的数据量与相对狭窄的传输通道及有限的存储空间之间的矛盾进一步阻碍了卫星资料的普遍运用，如何减小云图的数据量，从而降低云图获取、传输及存储的代价已成为一个亟待解决的问题[2]。目前，图像压缩是减小云图数据量的主要方法，但图像压缩不能降低云图获取时的代价，而且传统的低比特率压缩方法会使重建云图产生严重的失真。由 Donoho、Candès 等提出的压缩感知（CS）理论[3,4]通过将压缩与采样合并进行，从而降低了信息获取的代价，有望为云图数据的压缩提供一种新思路。根据 CS 理论，对于稀疏信号或可压缩信号，用一个与变换基不相关的观测矩阵对信号进行观测，可以得到原信号的压缩形式，之后通过求解优化问题就可以高概率地重构出原信号。在 CS 理论中，稀疏表示、测量矩阵和重构算法是它的三大要素。其中，稀疏表示常用的方法有离散余弦变换(DCT)、快速傅里叶变换(FFT)、离散小波变换(DWT)、多尺度几何分析以及冗余字典等。目前，基于小波变换的卫星云图压缩虽取得了较好的效果，但将小波变换用于压缩感知的稀疏表示环节时，在采样率较低时会出现局部失真现象[5]；而非自适应的多尺度几何分析方法，如 Curvelet 变换、Contourlet 变换[6]等也会遇到同样的问题。针对此问题，本章根据卫星云图细节多，纹理复杂等特点，引入了一种新的自适应的稀疏表示方法——Tetrolet 变换[7,8]，该变换不仅能对卫星云图进行有效的稀疏表示，而且还能很好地保留图像的方向纹理和边缘等重要信息，从而可有效地提高重构云图的质量。同时，考虑到相邻时次卫星云图的时空相关性，本章通过将时序相邻的云图组成图像组，并通过在参考图片与差异图片间重新分配采样数据量，从而在相同采样率的情况下提高了图像组整体的重建质量。通过风云卫星红外 1、水汽和可见光通道云图的压缩感知实验，表明本章方法重构云图的视觉效果及客观评价指标均优于传统方法，特别是在采样率较低时，优势愈加明显。

3.2 适合云图稀疏表示的 Tetrolet 变换

稀疏表示是实现云图压缩感知的关键环节，稀疏表示的目标就是将原始云图投影到一组有效的正交变换基、紧框架或冗余字典所张成的空间，使得绝大部分投影系数的绝对值很小。虽然傅里叶变换、DCT 变换、小波变换等均能实现云图的稀疏表示，但傅里叶变换与 DCT 变换缺乏时频联合分析能力，而小波变换只具有有限方向数，主要适合表示一维奇异性的对象，不能有效表示图像的高维奇异性，因而在表示图像的高维特征时并非是最稀疏的表示方法。由于云图作为一种典型的多光谱遥感图像，与其他的遥感图像类似，具有局部纹理细节丰富的特点[9]，Tetrole 变换作为一种新的多尺度几何分析方法，其能稀疏表示图像的高维特征正好适合处理此类信号。

Tetrolet 变换的构建类似于 Wedgelet 变换，该变换先将图像分成若干个 4×4 子块，然后确定每一子块中与图像几何结构相适应的四格拼板(tetrominoes)。图 3.1 给出了在不考虑反转和旋转情况下的 5 种不同形状的自由四格拼板。在 4×4 的区域内，由这 5 种自由四格拼板完全填充，可以得到 22 种基本解(在不考虑反转和旋转情况下)，如图 3.2 所示。

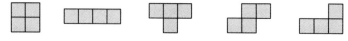

图 3.1　5 种自由四格拼板

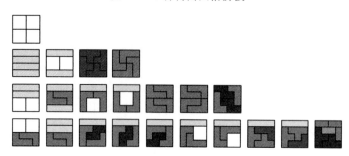

图 3.2　在 4×4 区域内的 22 种基本解

为了说明 Tetrolet 变换，先给出相应定义及符号。令

$$I = \{(i,j): i, j = 0, \cdots, N-1\} \subset Z^2$$

为数字图像 $a = (a[i,j])_{(i,j) \in I}$ 的索引集，其中 $N-2^J$，$J \in N$。定义索引 $(i,j) \in I$ 的 4 邻域为

$$N_4(i,j) := \{(i-1,j),(i+1,j),(i,j-1),(i,j+1)\}$$

并用双射 $J: I \rightarrow \{0, 1, \cdots, N^2-1\}$ 以及 $J(i,j) := jN+i$ 得到一维索引 $J(I)$。对于集合 $E = \{I_0, \cdots, I_r\}$，$r \in N$，若 $I_\nu \subset I$，对于 $\nu \neq \mu$ 满足 $I_\nu \neq \cap I_\mu = \varnothing$ 和 $\cup_{\nu=0}^r I_\nu = I$，则称 E 为索引集 I 的不相交分割。如果每个子集 I_ν 包含 4 个索引，即 $|I_\nu| = 4$，且 I_ν 中的每个索引均有一个属于 I_ν 的临域，即

$$\forall (i,j) \in I_\nu \exists (i',j') \in I_\nu: (i',j') \in N_4(i,j)$$

则称子集 I_ν 为四格拼板。而由这种拼板堆叠正方形区域 $[0, N)^2$ 的问题称为四格拼板问题。

对子集 $I_\nu \{(i_1, j_1), (i_2, j_2), (i_3, j_3)(i_4, j_4)\}$ 的 4 个元素进行简单的一维索引，即将它们的值由大到小进行排序后映射到 $\{0, 1, 2, 3\}$ 上，把最小的索引值映射为 0，最大的映射为 3。对其进行 Tetrolet 滤波后，得到低通部分为

$$a^1 = (a^1[i,j])_{i,j=0}^{\frac{N}{2}-1} \quad \text{s. t.} \quad a^1[i,j] = \sum_{(i,j) \in I_{i,j}} \varepsilon[0, L(i',j')] a[i',j'] \quad (3.1)$$

3 个高通部分 $l = 1, 2, 3$ 为

$$w_l^1 = (w_l^1[i,j])_{i,j=0}^{\frac{N}{2}-1} \quad \text{s. t.} \quad w_l^1[i,j] = \sum_{(i',j') \in I_{i,j}} \varepsilon[l, L(i',j')] a[i',j'] \quad (3.2)$$

其中系数 $\varepsilon[l, m]$，$l, m = 0, \cdots, 3$，来自 Haar 小波变换矩阵：

$$W := (\varepsilon[l,m])_{l,m=0}^3 = \frac{1}{2} \begin{pmatrix} 1 & 1 & 1 & 1 \\ 1 & 1 & -1 & -1 \\ 1 & -1 & 1 & -1 \\ 1 & -1 & -1 & 1 \end{pmatrix} \quad (3.3)$$

根据上述定义描述，输入一幅图像 $\boldsymbol{a} = (a\,[i,\,j])_{(i,j)\in I}$，$N = 2^J$，$J \in N$ 为分解层数，将其分成若干个大小为 4×4 的子块，然后对每一子块图像进行四格拼板堆叠。图 3.2 给出的是 22 种基本解，实际算法在考虑反转和旋转的情况下应有 117 种堆叠方法，$c = 1$，…，117。对于每种堆叠方法，在 4 个四格拼板子集 $I_s^{(c)}$（$S = 0$，1，2，3）上进行 Haar 小波变换，可以得到 4 个低通系数和 12 个 Tetrolet 系数。找出一种最优堆叠覆盖 c^*，使 12 个 Tetrolet 系数的 l_1 范数最小。若最优覆盖不唯一，就选取之前被选择频率最高的覆盖 c^*。如此，经过一层快速滤波后可将每个图像块分解成大小为 2×2 的低通部分以及 12×1 的高通部分，将每个图像块的低通部分和高通部分组合，就形成了一层分解的低通子图和高通子图，然后再对低通子图进行 4×4 分块并执行上述分解，直至分解结束。以一个大小为 64×64 的图像为例，图像首先被划分成 16×16 个 4×4 的子块，经过一层分解后，每个图像块低通部分的大小为 2×2，将 16×16 块的低通部分进行合并，就可得到大小为 32×32 的低通成分；同理，由于每一块的高通部分大小为 12×1，因此将 16×16 块的高通部分组合，就可得到 16×16 个大小为 12×1 的高通成分。图 3.3 给出了 Tetrolet 变换的结构示意图[8]。

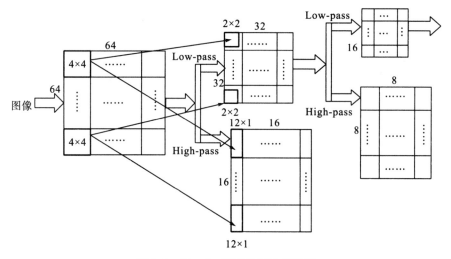

图 3.3　Tetrolet 变换的结构示意图

由于四格拼板的不同堆叠方式与图像块的局部几何特征自适应，因此 Tetrolet 变换能很好地刻画图像的方向纹理和边缘等重要信息，因此本章将 Tetrolet 变换用于后续压缩感知中的云图稀疏表示。

3.3 云图的时空相关性及压缩感知

3.3.1 云图的时空相关性

原始卫星云图由气象卫星每隔一定的时间拍摄所得，因此也可以看成一种三维数据，第三个维度是时间。由于天气的相对稳定性，对于同一地区相邻时次的云图，具有一定的相似性，即相邻时次云图具有较强的相关性。合理利用数据间的这种相关性，可以减少传输的数据量，提高压缩效率。我们采用图像结构相似度（SSIM）[10]来分析相邻时次云图的时空相关性，并选取"风云二号"卫星的红外 1、水汽和可见光三个通道云图进行测试。在每个通道中，顺次选取一幅云图作为参考图片，分别计算与之时间相邻的前后四幅云图的结构相似度。图 3.4 为三个不同通道结构相似度的统计平均值，其中纵坐标为相似度值，横坐标 x_0 为参考图片，x_1 表示参考图片后一时刻云图，x_{-1} 表示参考图片前一时刻云图，依此类推。

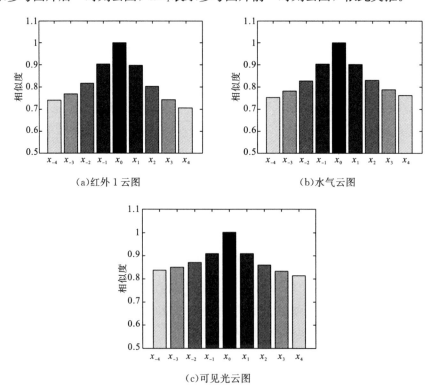

(a)红外 1 云图   (b)水气云图

(c)可见光云图

图 3.4 三个通道卫星云图结构相似度的统计平均示意图

可以看出，卫星云图相邻时次间的相似性很强，特别是参考图片与前后相邻时次云图间的结构相似度在 0.9 以上，如果不利用这种时空相关性，而对不同时次的云图进行独立的 CS 压缩，会降低压缩效率。然而，从图 3.4 也可看出，随着时间间隔的增大，云图与参考图片之间的相似度逐渐降低，也就是说，两者之间相似的数据逐渐减少，因此我们选择与参考图片相邻的前后两时次云图进行研究，提出一种基于时空相关性的云图压缩感知重建方法。

3.3.2　基于时空相关性的云图压缩感知

由压缩感知理论，对于原始图像，按行堆叠组成一个一维信号 $x \in R^N$，如果存在某种变换基或过完备字典 $\boldsymbol{\Psi}$，使 $x = \boldsymbol{\Psi\theta}$ 成立，且 θ 中只有 K 个非零系数，则称 x 在 $\boldsymbol{\Psi}$ 上是 K 稀疏的。在此基础上，构造一个观测矩阵 $\boldsymbol{\Phi} \in R^{M \times N}$，且 M 远小于 N，使得 $y = \boldsymbol{\Phi}x$ 成立，则称 y 为 x 在 $\boldsymbol{\Phi}$ 上的测量值，M 为测量值的维数，定义 $r = M/N$ 为采样率。有了这 M 个测量值 y 及 $\boldsymbol{\Phi}$，通过求解 L_0 范数意义下的优化问题，就可以高概率地重构出原始图像 x：

$$\min \|\boldsymbol{\theta}\|_0 \quad \text{s. t.} \quad y = \boldsymbol{\Phi}x = \boldsymbol{\Phi\Psi\theta} \tag{3.4}$$

目前，常用的重构算法有内点法、梯度投影法、匹配追踪法等[11]。近年来，投影 Landweber 迭代方法被用于压缩感知，该方法在迭代重构时具有收敛稳定的优点。

它由初始化近似解 $\boldsymbol{\theta}^{(0)} = \boldsymbol{\Psi}^T \boldsymbol{\Phi}^T y$ 开始，第 $i + 1$ 次近似迭代如下：

$$\hat{\boldsymbol{\theta}}^{(i)} = \boldsymbol{\theta}^{(i)} + \frac{1}{\gamma} \boldsymbol{\Psi}^T \boldsymbol{\Phi}^T (y - \boldsymbol{\Phi\Psi\theta}^{(i)}) \tag{3.5}$$

$$\boldsymbol{\theta}^{(i+1)} = \begin{cases} \hat{\boldsymbol{\theta}}^{(i)}, & |\hat{\boldsymbol{\theta}}^{(i)}| \geqslant \tau^{(i)} \\ 0, & \text{其他} \end{cases} \tag{3.6}$$

其中，γ 是缩放因子，$\tau^{(i)}$ 是每次迭代的阈值。阈值设定为 $\tau^{(i)} = \lambda \sigma^{(i)} \sqrt{2 \log K}$，其中，$\lambda$ 是控制收敛的常数因子，K 是变换系数的个数，$\sigma^{(i)}$ 用一个鲁棒的中值估计器来估计，$\sigma^{(i)} = \dfrac{\text{median} (|\hat{\boldsymbol{\theta}}(i)|)}{0.6745}$。平滑投影 Landweber 迭代方法是在此基础上加了起平滑作用的 Wiener 滤波，这种重构算法与传统方法相比具有有效控制噪声和提高重构质量的优势[12]，因此我们将其用于后续的压缩感知重建。

本章利用云图之间的相关性，将时序相连的三张卫星云图组成图像组，令中间时刻的云图为参考图片 x_0，记前后两时次云图为 x_{-1} 和 x_1；并将前后两时次的云图与参考图片分别相减得到差异细节图片，记为 x_{-1d} 和 x_{1d}，得

$$\begin{cases} x_{-1\text{d}} = x_{-1} - x_0 \\ x_{1\text{d}} = x_1 - x_0 \end{cases} \tag{3.7}$$

根据压缩感知理论可知，稀疏变换的优劣直接影响重构图像的质量，本章借鉴 Tetrolet 变换在表达图像局部纹理细节方面的优势，将其引入压缩感知的稀疏表示环节，则 x_0、x_{-1d} 和 x_{1d} 可以表示为

$$\begin{cases} x_0 = \boldsymbol{\Psi\theta}_0, & \|\theta_0\|_0 = K_0 \\ x_{-1d} = \boldsymbol{\Psi\theta}_{-1d}, & \|\theta_{-1d}\|_0 = K_{-1d} \\ x_{1d} = \boldsymbol{\Psi\theta}_{1d}, & \|\theta_{1d}\|_0 = K_{1d} \end{cases} \tag{3.8}$$

其中，$\boldsymbol{\theta}_0$、$\boldsymbol{\theta}_{-1d}$ 和 $\boldsymbol{\theta}_{1d}$ 为 x_0、x_{-1d} 和 x_{1d} 的变换系数（即稀疏表示），其中非零系数的个数分别为 K_0、K_{-1d} 和 K_{1d}。由于差异图片的稀疏性更强，通常 K_0 大于 K_{-1d} 和 K_{1d}，而压缩感知的性能取决于信号的"稀疏"性，稀疏性越强，所需的测量样本数可以越少；因此，组建压缩感知系统时，x_0 的测量样本数 M_0 应该比 x_{-1d} 和 x_{1d} 的测量样本数 M_{-1d} 和 M_{1d} 多，也就是说差异图片的采样率可以小于参考图片的采样率。若卫星云图大小为 N，如果对云图组中的各图像平均分配测量数据（即各图像采样率相等），当采样率为 r 时，总的测量数据量为 $3Nr$。而利用云图间的时空相关特性，根据以上分析，我们可以在保证总测量数据量不变的情况下，适当增加参考图片的采样率 r_1 而减少差异细节图片的采样率 r_2，使得 $3r = r_1 + 2r_2$。这样虽然总的测量数据量不变，但通过测量数据量的重新分配，并借助 Tetrolet 变换对云图中差异细节优良的稀疏表示能力，可以提高重构云图组的整体质量。具体分配规则如下：

$$\begin{cases} r_1 = wr_2 \\ r_2 = \dfrac{3}{2+w}r \end{cases} \tag{3.9}$$

其中 w 为采样率分配的权值系数，可根据 x_0、x_{-1d} 和 x_{1d} 的 Tetrolet 变换系数的稀疏性进行计算，即

$$w = \left[\frac{2K_0}{K_{-1d} + K_{1d}} \right] \tag{3.10}$$

可以看出，如果差异图片相较于参考图片的稀疏性越强，则 w 的取值越大，分配给参考图片的采样数据量越多，从而可以在总测量数据量不变的前提下提高云图组的整体重构质量。本章以高斯随机矩阵对图像进行观测，采用平滑投影 Landweber 迭代方法对云图进行重构。具体步骤如下：

（1）将时序相连的三幅卫星云图 x_{-1}、x_0 和 x_1 作为原始云图组，相减得到两幅差异细节图片 x_{-1d} 和 x_{1d}；

（2）以采样率 r_1 对 x_0 进行观测得测量值 y_0，以采样率 r_2 对 x_{-1d} 和 x_{1d} 进行观测得测量值 y_{-1d} 和 y_{1d}；

（3）在 Tetrolet 变换域，采用平滑投影 Landweber 迭代方法分别对测量值 y_0、

y_{-1d} 和 y_{1d} 进行重构，得重构参考云图 x_0' 以及两幅重构差异细节云图 x_{-1d}' 和 x_{1d}'；

　　(4)取 $x_{-1}' = x_0' + x_{-1d}'$，$x_1' = x_0' + x_{1d}'$，最终得到时序相邻的重构卫星云图组 x_{-1}'、x_0' 和 x_1'。

3.4　实验结果与分析

　　实验图像取自 FY2D 卫星 2012 年 7 月 2 日某区域红外 1、水汽和可见光三通道的兰勃特投影云图，图像大小为 512×512，图 3.5 给出了红外 1 通道连续 3 个时次云图所组成的云图组。

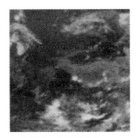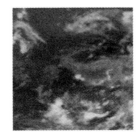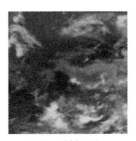

(a)前一时刻云图 x_{-1}　　　　　　　(b)参考云图 x_0　　　　　　　(c)后一时刻云图 x_1

图 3.5　红外 1 通道连续 3 个时次云图组成的云图组

　　为了在参考云图及差异细节云图间合理分配采样数，我们对 Tetrolet 系数进行了统计分析，并结合式(3.1)得出权重系数 $w \approx 2$，即此时取采样率 $r_1 = 2r_2$。同时，为了彰显 Tertrolet 变换对卫星云图压缩感知的适应性，首先与基于小波变换的压缩感知方法(DWT-CS)进行了比较。实验中，小波与 Tetrolet 变换均进行 5 层分解，图 3.6 给出了整体采样率 $r=0.1(r_1=0.15$，$r_2=0.075)$ 时，红外 1 通道云图组在这两种不同方法下的重构图像。

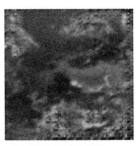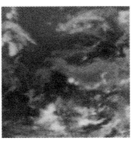

(a)DWT-CS 方法重构 x_{-1}　　　　　(b)本章方法重构 x_{-1}　　　　　(c)DWT-CS 方法重构 x_0

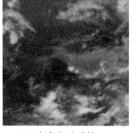 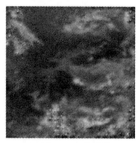 

　　(d)本章方法重构 x_0　　　　　(e)DWT-CS方法重构 x_1　　　　(f)本章方法重构 x_1

图 3.6　采样率为 0.1 时红外 1 通道云图组的重构结果

　　由图 3.6 可见,当整体采样率为 0.1 时,DWT-CS 方法重构结果的局部及边缘部分出现了严重失真,而本章方法的重构结果未出现失真,且细节纹理较为清晰,极大地提高了图像的主观质量。从客观质量来看,图 3.6(a)、(c)、(e)的 PSNR 分别为 22.22dB、20.69dB、23.00dB,图 3.6(b)、(d)、(f)的 PSNR 分别为 23.64dB、26.93dB、23.64dB,客观评价指标也有显著提高。究其原因,我们认为主要在于 Tetrolet 变换能对卫星云图进行有效的稀疏表示,将其用于压缩感知的稀疏表示环节,可以更好地重构云图的方向纹理和边缘等重要信息。

　　为了说明时空相关性的利用在云图压缩感知中的优势,本章在整体采样率 r 分别取 0.1、0.2、0.3、0.4、0.5 时,对比了传统的平均分配采样数据法及本章所提出的在参考图片和差异细节图片间不均衡分配采样数据法两种方案重构云图的质量,实验结果如表 3.1 所示。

　　由表 3.1 可以看出:在不同的采样率下,本章方法重构云图的 PSNR 明显优于传统平均分配测量数据方法的重构结果,尤其是在采样率较低时,本章方法的优势更加明显。由此可见,在总测量数据量不变的情况下,利用云图间的时空相关性,通过采样率的重新分配,可以提高重构云图组的整体质量。为了进一步验证本章算法在低采样率时的普适性,我们又随机选取了三通道云图各 15 组数据进行实验,图 3.7 给出了本章算法及传统的采样数据平均分配法在整体采样率分别为 0.1 和 0.2 时,不同通道的参考云图及前后相邻时次云图重构结果 PSNR 的统计平均值。

表 3.1　是否利于时空相关性重构结果 PSNR 比较　　　　　　（单位：dB）

	红外1云图			水汽云图			可见光云图		
	X_{-1}	X_0	X_1	X_{-1}	X_0	X_1	X_{-1}	X_0	X_1
采样率	0.1								
本章方法	33.20	34.51	32.96	42.93	45.75	39.97	34.01	35.28	32.74
传统方法	22.22	20.69	23.00	22.81	22.65	23.21	22.66	23.09	22.82

续表

	红外 1 云图			水汽云图			可见光云图		
	X_{-1}	X_0	X_1	X_{-1}	X_0	X_1	X_{-1}	X_0	X_1
采样率					0.2				
本章方法	35.69	38.13	35.63	45.37	47.99	45.63	35.25	36.73	34.03
传统方法	30.32	29.56	30.71	36.42	33.61	36.65	25.66	25.07	26.98
采样率					0.3				
本章方法	40.05	37.72	37.56	47.55	49.96	47.72	36.54	38.10	35.41
传统方法	33.44	34.10	34.08	45.77	46.11	46.24	30.34	28.90	29.98
采样率					0.4				
本章方法	41.87	39.50	39.31	49.46	51.88	49.59	37.74	39.44	36.66
传统方法	34.48	36.58	34.53	49.18	49.32	49.23	33.05	31.74	32.34
采样率					0.5				
本章方法	43.63	41.09	40.96	51.33	53.70	51.45	38.92	40.89	37.91
传统方法	34.91	37.38	36.41	51.25	51.29	51.35	34.97	34.96	34.72

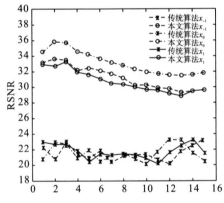

（a）采样率 0.1 时红外 1 通道重构云图的 PSNR

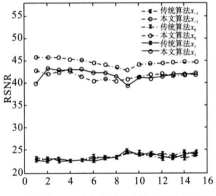

（b）采样率 0.1 时水汽通道重构云图的 PSNR

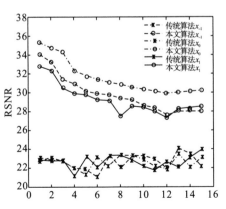

（c）采样率 0.1 时可见光通道重构云图的 PSNR

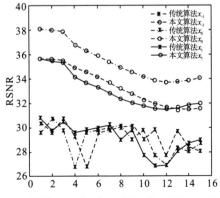

（d）采样率 0.2 时红外 1 通道重构云图的 PSNR

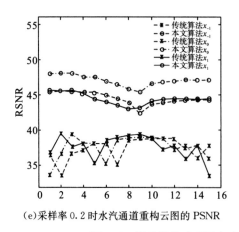

（e）采样率 0.2 时水汽通道重构云图的 PSNR

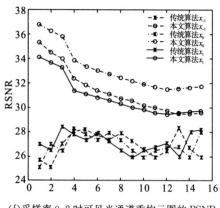

（f）采样率 0.2 时可见光通道重构云图的 PSNR

图 3.7　低采样率时不同方法重构结果 PSNR 的统计平均值

由图 3.7 可以看出，在低采样率时，本章算法重构云图的 PSNR 均优于传统的平均分配采样率法，以（a）子图为例，上面的三条折线分别为本章算法参考云图及前后相邻时次云图重构结果的 PSNR，明显高于传统方法的重构结果（下面三条折线）；相对来讲，在采样率为 0.1 时，优势更加明显；经过统计分析，在采样率低于 0.2 时（包括 0.2），红外 1、水汽和可见光三通道重构云图的 PSNR 值较传统方法平均提高了 7.48dB，13.51dB 和 6.15dB，这进一步印证了云图时空相关性的利用在低采样率时可有效提高重构云图的质量。

作为一种非自适应多尺度几何分析方法，Contourlet 变换也可对图像所包含的高维奇异特征实现稀疏表示，因此近年来在图像处理领域得到了广泛应用。为了比较 Contourlet 变换与 Tetrolet 变换在云图压缩感知中的性能，我们在整体采样率 r 分别取 0.1、0.2、0.3、0.4、0.5 时，对比了本章算法与基于 Contourlet 变换的同类算法（CT-CS）重构云图的质量，实验结果如表 3.2 所示。

表 3.2　采用不同变换重构结果 PSNR 比较　　　　　　　　（单位：dB）

	红外 1 云图			水汽云图			可见光云图		
	X_{-1}	X_0	X_1	X_{-1}	X_0	X_1	X_{-1}	X_0	X_1
采样率	0.1								
本章方法	33.20	34.51	32.96	42.93	45.75	39.97	34.01	35.28	32.74
CT-CS 方法	23.64	26.93	23.64	31.56	36.75	32.40	23.45	27.63	24.01
采样率	0.2								
本章方法	35.69	38.13	35.63	45.37	47.99	45.63	35.25	36.73	34.03
CT-CS 方法	31.33	33.44	31.25	41.58	47.05	41.85	28.34	29.96	27.53
采样率	0.3								

续表

	红外 1 云图			水汽云图			可见光云图		
	X_{-1}	X_0	X_1	X_{-1}	X_0	X_1	X_{-1}	X_0	X_1
本章方法	40.05	37.72	37.56	47.55	49.96	47.72	36.54	38.10	35.41
CT-CS 方法	35.67	33.99	34.07	45.19	49.30	45.41	31.20	32.29	31.58
采样率					0.4				
本章方法	41.87	39.50	39.31	49.46	51.88	49.59	37.74	39.44	36.66
CT-CS 方法	36.53	35.25	35.32	48.13	51.23	47.63	32.99	33.97	31.58
采样率					0.5				
本章方法	43.63	41.09	40.96	51.33	53.70	51.45	38.92	40.89	37.91
CT-CS 方法	39.46	37.96	37.96	50.04	53.09	49.74	34.35	35.31	33.89

可以看出，在不同的采样率下，本章方法重构云图的 PSNR 明显优于 CT-CS 方法的重构结果，而且随着低采样率的降低，CT-CS 方法所重构的前后两时刻云图质量急剧下降，这主要源于 Contourlet 变换存在频谱混叠，在低采样率时变换系数难于稀疏表示云图的细节特征。由此可见，对于云图压缩感知的稀疏表示，Tetrolet 变换更胜一筹。

3.5 本 章 小 结

针对卫星云图数据量大，但传输通道和存储空间相对狭小的问题，本章借助 Tetrolet 变换对云图纹理细节优良的稀疏表示能力，并根据相邻时次云图间的时空相关性，在总测量数据量不变的情况下，通过在云图组间重新分配采样率，提出了一种新的云图压缩感知方案。该方案可以通过获取少数随机测量值，重构出高质量的云图组，这不仅为云图数据的低比特率压缩提供了一种可行的解决方案，而且对于其他序列图像的压缩采样具有借鉴意义。下一步的工作主要是利用卫星云图光谱间的相关性，以进一步提高重构云图的质量。

参 考 文 献

[1] Fiolleau T，Roca R. An algorithm for the detection and tracking of tropical mesoscale convective systems using infrared images from geostationary satellite. IEEE Trans. On Geoscience and Remote Sensing，2013，51(7)：4302-4315.

[2] 方翔，王新. 小波变换在气象卫星云图压缩中的应用. 应用气象学报，2010，21(4)：423-432.

[3] Donoho D L. Compressed sensing. IEEE Trans. on Information Theory，2006，52(4)：1289-1306.

［4］ Candès E J. Compressive sampling. Proc. of the International Congress of Mathematicians，European mathematical Society，2006：489-509.

［5］ Akbari A S，Zadeh P B. Compressive sampling and wavelet-based multi-view image compression scheme. Electronics Letters，2012，48(22)：1403-1404.

［6］ 白璘，刘盼芝，李光. 一种基于 Contourlet 变换的高光谱图像压缩算法. 计算机科学，2012，39(11A)：395-397.

［7］ Krommweh J，Plonk G. Directional haar wavelet frames on triangles. Appl. Comput. Harmon. Anal，2009，27(2)：215-234.

［8］ Krommweh J. Tetrolet transform：a new adaptive haar wavelet algorithm for sparse image representation. Vis. Commun. Image R，2010，21(4)：364-374.

［9］ Aguilera E，Nannini M，Reigber A. A data-adaptive compressed sensing approach to polarimetric sar tomography of forested areas. IEEE Geoscience and Remote Sensing Letters，2013，10(3)：543-547.

［10］ Zhou W，Alan C B，Hamid R S，et al. Image quality assessment from error visibility to structural similarity. IEEE Trans. on Image Processing，2004，13(4)：600-612.

［11］ Hyungkeuk L，Heeseok O，Sanghoon L. Visually weighted compressive sensing：measurement and reconstruction. IEEE Trans. on Image Processing，2013，22(4)：1444-1455.

［12］ 李然，干宗良，朱秀昌. 基于 PCA 硬阈值收缩的平滑投影 Landweber 图像压缩感知重构. 中国图像图形学报，2013，18(5)：504-514.

第4章 利用密度聚类支持向量机的卫星云图云检测

为了提高气象云图云检测的判识精度和计算效率,提出一种基于密度聚类支持向量机的云检测方法,分析了MTSAT气象云图的特征提取和选择方案,建立了云和下垫面的分类样本集;在支持向量机学习中,通过引入样本集的纯度及充足度,选择关键样本,减少了噪声和异常样本的干扰,从而降低了计算复杂度,提高了分类精度。实验表明,该算法的分类正确率较BP神经网络及传统支持向量机的方法分别提高了2.54%和0.21%,同时训练时间及测试时间也明显减少;而且,该方法还克服了传统云检测方法需要根据先验知识确定阈值的缺点,检测结果与人工解译结果基本吻合。

4.1 引 言

云检测在气候系统评价、短期天气预报、大气及地表参数反演等方面起着重要的作用,是气象云图分析的一项重要研究内容,它通过对卫星图像目标物的辐射值进行区分,判断是晴空辐射还是云辐射,从而实现云区信息提取以及与下垫面的分离[1,2]。目前云检测的方法主要有阈值法、聚类分析法和人工神经网络法等[3,4],其中阈值法通过将像素不同通道的亮温、亮温差、反射率等与设定的阈值进行比较,判断对应像素是否被云污染。由于阈值法易于实现,得到了较广泛的应用,然而这种方法的阈值要随着太阳高度角和季节的变化进行相应调整,而且该方法云检测的结果受地理位置的影响较大,这些给云检测工作带来了很大的不便。聚类分析法把云图分割成一系列像素阵,将云和下垫面通过非监督聚类进行划分,但该方法的检测结果依赖于像素阵内观测对象的统计特性,且像素阵间分析结果的连续性不好;近年来,有学者将BP神经网络引入云检测[1],通过对多个样本的学习,获得样本的知识并将知识分布存储于网络中,从而达到了较好的检测效果,然而神经网络在实际应用中存在网络结构难于确定的问题,且其遵循的经验风险最小化原则使得在小样本情况下容易产生过学习现象，影响了模型的泛化能力。支持向量机采用结构风险最小化来取代传统的经验风险最小化，使得在小样本、非线性及高维空间中具有很好的分类能力，并具有很好的推广性[5-8]，鉴于此，本书采用支持向量机进行云检测的研究。由于气象云图在获取过程中往往受到大气湍流及传感器噪声等因素的影响，从云图中提取的样本集往往包含一些噪声和异常样本，传统的支持向量机把每个样本对分类的贡献视为相同，而实际上噪声和异常样本不仅对分类没有贡献，还会干扰分类结果。因此本书将基于密度的空间聚类算法与支持向量机相结合，通过引入样本集的纯度及充足度指标，选择出关键样本组成新的样本集，构造出一种密度聚类支持向量机来减少噪声和异常样本的干扰，以便降低计算复杂度，提高分类精度。本章首先根据所选取的 MTSAT 卫星 4 个通道的不同特性，进行不同通道数据的融合处理，得到了包含较完整信息的融合云图，然后从融合图像中提取灰度特征及纹理特征，生成特征向量，并利用密度聚类支持向量机实现云和下垫面的分类检测。

4.2　资料分析及特征提取

4.2.1　资料分析

本书选取 MTSAT 卫星的观测数据。MTSAT 卫星的可见光红外自旋扫描辐射计（VISSR）有 5 个观测通道，本书使用其四个通道的数据进行分析，即可见光通道、水汽通道以及红外分裂窗的两个通道，它们的波谱位置分别为可见光（VIS：$0.55 \sim 0.90\,\mu m$）、水汽（WV：$6.5 \sim 7.0\,\mu m$）、红外一（IR1：$10.5 \sim 11.5\,\mu m$）、红外二（IR2：$11.5 \sim 12.5\,\mu m$）。不同通道所获图像具有不同的特点，比如红外通道图像中很难识别出低云或雾，这是因为它们的温度特征与其下垫面的地表背景相似，而在可见光图像中则相对容易检测到这类云或雾；可见光通道图像中卷云通常模糊不清，但在红外图像上却清晰可见；云的观测值在两个红外分裂窗通道中具有很强的相关性，而其他目标物的灰度分布区域在这两个通道间则差别较大；水汽通道由于水汽的强烈吸收，地面的辐射很难到达传感器，利用这一点可有效地检测高云。综上所述，所选取的 MTSAT 的 4 个通道的观测数据各有优势，将它们融合起来，生成包含更多气象信息的融合云图，将比用单个通道数据更易得到准确的云检测结果。因此，本书首先对不同通道的云图进行融合处理，然后再从融合图像中提取特征用于云和下垫面的分类检测。

4.2.2　特征提取

在基于分类的云图检测中，检测效果的好坏在很大程度上取决于从图像中提取的特征。虽然云和下垫面在融合云图中表现为不同的灰度等级，但不同的云系及地物目标并非单一灰度值，而是有一个分布范围，而且各类目标之间的灰度分布往往相互覆盖，这就提示我们不能简单地利用单个像素的灰度特征信息进行云检测；针对融合云图的特点，本书采用灰度与纹理特征的组合来生成特征向量。

在灰度特征提取时，除了像素本身的灰度外，本书还提取了 5×5 邻域内的灰度均值和方差，该方案由于考虑了图像的区域性质，因此与仅提取单一像素灰度的特征相比，抗噪声能力和鲁棒性都有所提高。同时，由于生成云的大气环流、云内气流及水汽含量的差异，往往导致云纹理特征的多样性，因此本书对融合云图每个像素的 5×5 邻域，按间隔为 1，方向为 0° 构造灰度共生矩阵，采用文献［9］的方法，提取了 5 个基本纹理特征：①共生灰度均值（comean），②差熵（diffrenceentropy），③对比度（contrastvalue），④熵（sumentropy），⑤反差矩（inversedifferencemoment），并将它们和灰度特征结合，组成 8 维的特征向量，用于后续的云检测处理。

4.3　密度聚类支持向量机

尽管支持向量机方法具有较好的推广能力，但由于在构造最优分类面时所有的样本具有相同的作用，因此当训练样本中含有噪声或异常样本时，将导致获得的分类面不是真正的最优分类面；而且支持向量机算法的计算复杂度依赖于数据集的大小，当面对大规模的数据集时，它的训练时间过长，甚至不可求解[10]。针对以上问题，本书将基于密度的空间聚类算法（density-based spatial clustering of applications with noise，DBSCAN）与支持向量机相结合，通过引入样本集的纯度及充足度指标，选择关键样本组成新的样本集，构造出密度聚类支持向量机（density-clustering SVM，DC-SVM），这一方面可以剔除噪声或异常样本，提高分类精度，另一方面也可以通过减少训练样本的数量提高支持向量机的计算效率。

4.3.1　DBSCAN 算法

DBSCAN 算法通过检测样本的密度连通性，快速地发现任意形状的聚类，并将不属于任何聚类的噪声或异常样本加以剔除，组成新的样本集，以使后续的分类效果更加明显[10]。下面给出具体的描述。

定义一：若一样本的 ε 邻域内包含的样本数大于规定的最少数目（minimum number of points，Minpts），则称该样本为核心样本。

定义二：在一样本集中，给定半径 ε 和 Minpts，若 q 为核心样本，如果样本 p 在 q 的 ε 邻域内，则称 p 是从 q 直接密度可达的（directly density-reachable）。

定义三：在一样本集中，给定半径 ε 和 Minpts，则样本链 $p_1 = q$，p_2，p_3，…，$p_n = p$ 中，若 p_{i+1} 是从 p_i 直接密度可达的，则 p 是从 q 密度可达的（density-reachable）。

定义四：在一样本集中，给定半径 ε 和 Minpts，若存在一核心样本 o，使得样本 p 和 q 是从 o 密度可达的，则样本 p 和 q 是密度相连的。

根据以上定义，DBSCAN 通过检查样本集中每个样本的 ε 邻域来寻找聚类，假设一个样本 p 的 ε 邻域包含多于 Minpts 个样本，则建立一个以 p 为核心的新聚类，接着反复寻找从这些核心样本直接密度可达的样本，此过程会涉及一些密度可达聚类的合并，直到没有新的样本可以添加到任何聚类时结束，最后将每个聚类中的样本作为关键样本，同时剔除不属于任何聚类的噪声或异常样本，组成新的样本集。可以看出，DBSCAN 中参数 ε 的设定将直接影响到后续分类算法的性能，我们通过引入样本集的纯度（purity level）及充足度（sufficiency level）指标，自适应地确定 ε，从而构造出 DC-SVM。

4.3.2　样本集的纯度

对于包含 n 个样本的二分类问题（其中正类样本数为 n^+，负类样本数为 n^-），各样本的属性维数均为 k，A_{ij}^+ 和 A_{ij}^- 分别为正类样本和负类样本中第 i 个样本的第 j 个属性，$\overline{A_j^+}$ 和 $\overline{A_j^-}$ 分别为正类和负类样本的第 j 个属性均值，$A_{j\max}$ 和 $A_{j\min}$ 为第 j 个属性的最大值和最小值，则正类样本 x_i^+ 和负类样本 x_i^- 距各自类中心的规范化距离分别为

$$D_a(x_i^+) = \sqrt{\frac{\sum\limits_{j=1}^{k}\left(\dfrac{A_{ij}^+ - \overline{A_j^+}}{A_{j\max} - A_{j\min}}\right)^2}{k-1}} \tag{4.1}$$

$$D_a(x_i^-) = \sqrt{\frac{\sum_{j=1}^{k}\left(\dfrac{A_{ij}^- - \overline{A}_j^-}{A_{j\max} - A_{j\min}}\right)^2}{k-1}} \qquad (4.2)$$

根据式(4.1)和式(4.2)可计算样本集的类内距离为

$$D_a = \sum_{i=1}^{n^+} D_a(x_i^+) + \sum_{i=1}^{n^-} D_a(x_i^-) \qquad (4.3)$$

同理，正类样本 x_i^+ 和负类样本 x_i^- 距另一类别中心的距离分别为

$$D_b(x_i^+) = \sqrt{\frac{\sum_{j=1}^{k}\left(\dfrac{A_{ij}^+ - \overline{A}_j^-}{A_{j\max} - A_{j\min}}\right)^2}{k-1}} \qquad (4.4)$$

$$D_b(x_i^-) = \sqrt{\frac{\sum_{j=1}^{k}\left(\dfrac{A_{ij}^- - \overline{A}_j^+}{A_{j\max} - A_{j\min}}\right)^2}{k-1}} \qquad (4.5)$$

根据式(4.4)和式(4.5)可计算样本集的类间距离为

$$D_b = \sum_{i=1}^{n^+} D_b(x_i^+) + \sum_{i=1}^{n^-} D_b(x_i^-) \qquad (4.6)$$

可以看出，D_a 越大表示同一类别的样本散布范围越广，而 D_b 越大则表示两类样本之间的距离越远，因此可以定义样本集纯度(purity level)如下：

$$\text{Purity Level} = \frac{D_b}{D_a} \qquad (4.7)$$

因此，Purity Level 越大，表示两类样本越容易分类；而 Purity Level 越小，则表示两类样本的分布越混乱，分类难度越大，此时在用 DBSCAN 算法剔除噪声和异常样本时 ε 邻域半径应该越小。

4.3.3　样本集的充足度

样本集的充足度(sufficiency level)用来度量样本集中样本的密度，Sufficiency Level 越大，表示集合中样本数目越多，此时为了提高 SVM 的计算效率并较少噪声和异常样本的影响，DBSCAN 算法中的 ε 邻域半径应该越小；反之，Sufficiency Level 越小，则 DBSCAN 算法中的 ε 邻域半径应该越大，以使其能选取出更多的关键样本，从而保证 SVM 具有一定的分类精度。Sufficiency Level 定义如下：

$$\text{Sufficiency Level} = \frac{n}{\prod_{j=1}^{k} \text{range}(x_j)} \qquad (4.8)$$

其中，n 为样本数，k 为样本的属性维数，$\mathrm{range}(x_j)$ 表示样本第 j 个属性的范围。根据式(4.7)和式(4.8)可以定义 DC-SVM 中 DBSCAN 算法的 ε 邻域半径如下：

$$\varepsilon_+ = \sqrt[k]{\frac{(\mathrm{Minpts}/n^+)V_+ (\mathrm{Purity\ Level})\Gamma(k/2+1)}{\sqrt{\pi^k}}} \times (\mathrm{Sufficiency\ Level}) - 1$$

$$(4.9)$$

$$\varepsilon_- = \sqrt[k]{\frac{(\mathrm{Minpts}/n^-)V_- (\mathrm{Purity\ Level})\Gamma(k/2+1)}{\sqrt{\pi^k}}} \times (\mathrm{Sufficiency\ Level}) - 1$$

$$(4.10)$$

其中，ε_+ 和 ε_- 分别为正类和负类的邻域半径，V_+ 和 V_- 分别为正类样本和负类样本第 j 个属性的范围，$\Gamma(\cdot)$ 为伽马函数。

综上所述，本书所采用的 DC-SVM 算法的基本步骤为：首先分析样本集的纯度和充足度，计算出 DBSCAN 所需要的 ε_+ 和 ε_-，接着分别对两类样本进行样本精简的 DBSCAN 分析，找出关键性样本，最后进行 SVM 分类学习。

4.4　实验结果与分析

实验采集了包括中高云、低云的云类以及积雪、陆地、水体的下垫面，组成两类样本，样本总数为 800 个(云类 400 个，下垫面 400 个)，将所有的样本分为 8 组子集，其中 7 组子集构成训练集，剩余的一组子集用于测试，并重复进行，使所有的样本子集都参加测试，所得正确率的平均值为最终估计的正确率。为了评价 DC-SVM 的分类性能，将其与 BP 神经网络及原始 SVM 方法进行对比。实验中，SVM 使用径向基作为核心函数，DBSCAN 聚类时，同类样本阈值 Minpts 取 5；对 BP 算法，采用三层结构，输入层、隐层及输出层的节点数分别为 8、16 及 1。实验从分类正确率、平均训练时间及测试时间三方面进行比较，结果见表 4.1。

表 4.1　不同方法的正确率、训练时间及测试时间

方法	分类正确率/%	训练时间/s	测试时间/s	总时间/s
BP	86.78	47.58	0.46	48.04
SVM	89.11	38.81	1.26	40.07
DC-SVM	89.32	10.37	0.52	10.89

可以看出，DC-SVM 算法的分类正确率较 BP 神经网络及传统 SVM 的方法分别提高了 2.54％和 0.21％；从计算效率上看，BP 方法的训练时间最长；SVM 方法虽然训练时间有所减少，但测试时间较长；而 DC-SVM 算法由于剔除了噪声和异常样本，减少了训练样本及支持向量个数，因此能在保持分类正确率的情况下大幅度地提高计算效率。

图 4.1(a)是 MTSAT 卫星 2009 年 8 月 6 日 12 时 06 分可见光通道、水汽通道以及红外分裂窗通道的融合云图，为了便于处理，我们从原始图像中剪切出 512×512 像素的区域(我国东南部海域及沿海地区，剪切的原则是保证图像上云系相对完整)；当时台风"莫拉克"已经生成，从图中可清楚地看到台风气旋。图 4.1(b)、(c)分别为 BP 算法及 DC-SVM 算法的云检测结果(SVM 算法的云检测结果与 DC-SVM 算法的结果基本相同，不再给出)。云检测结果中，黑色部分为下垫面，白色部分为云；通过目视观察可以发现，对于台风主体云系，两种方法都能检测出来，但对于较稀薄的云体(如图中左上部分)，BP 算法的检测结果连续性较差，表现为白色区域的内部散布着较多的黑斑，有一定的漏检现象，且云和下垫面的边界线模糊，给后续的定性和定量分析带来负面影响；而 DC-SVM 算法则克服了以上问题。通过和气象工作者沟通，认为 DC-SVM 算法的检测结果基本符合人工解译结果，能满足日常气象分析中云检测的需求。

 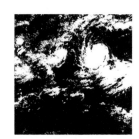 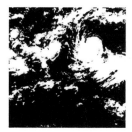

(a)融合云图　　　　　　(b)BP 算法云检测结果　　　　(c)DC-SVM 云检测结果

图 4.1　不同方法的云检测结果

4.5　本 章 小 结

本书分析了 MTSAT 气象云图的特征提取和选择方案，建立了云和下垫面的分类样本集；在此基础上，通过引入样本集的纯度及充足度指标，采用 DBSCAN 算法，有效地选取关键样本对 SVM 进行训练，实现了 DC-SVM，并将其成功用于 MTSAT 气象云图的云检测。实验表明，DC-SVM 能减少噪声和异常样本的干扰，从而降低计算复杂度，提高分类精度；更重要的是，传统的云检测算法往往需要根据特定的下垫面及光照条件等设定阈值，对先验知识的依赖性较强，而本书方法则不受这些先验知识的影响，这充分说明了 DC-SVM 在遥感影像分类应用中具有一定的优势，值得进一步研究推广。

参 考 文 献

[1] Arriaza J A T，Rojas F G，López M P，et al. An automatic cloud-masking system using backpro neural nets for AVHRR scenes. IEEE Trans. on Geoscience and Remote Sensing，2003，41(4)：826-831.

[2] Pao T L，Yeh J H. Typhoon locating and reconstruction from the infrared satellite cloud image. Journal of multimedia，2008，3(2)：45-51.

[3] Di Vittorio A V，Emery W J. An automated，dynamic threshold cloud-masking algorithm for daytime AVHRR images over land. IEEE Trans. on Geoscience and Remote Sensing，2002，40 (8)：1682-1694.

[4] Perez J C，Cerdena A，Gonzalez A，et al. Nighttime cloud properties retrieval using MODIS and artificial neural networks. Advances in Space Research，2009，43：852-858.

[5] El-Khoribi R A. Support vector machine training of HMT models for multispectral image classification. International Journal of Computer Science and Network Security，2008，8(9)：224-228.

[6] Wu Y Q，Li X Y，Chen S. Image fusion method based on contourlet-domain ICA and SVM. Journal of Optoelectronics·Laser，2009，20(6)：839-842.

[7] Li X F，Shen Y. Support vector machines based computer-aided diagnosis systemof breast tumor with ultrasound images. Journal of Optoelectronics·Laser，2008，19(1)：116-119.

[8] Zhang S Y，Zhao Y M，Li J L. Algorithm and implementation of image classification based on SVM. Computer Engineering and Applications，2007，43(25)：40-42.

[9] Haralick R M，Shanmugam K，Dinstein I. Textual features for image classification. IEEE Trans. on Systems，Man and Cybernetics，1973，3(6)：610-621.

[10] Han X Y. Applying the two-stage classification to improve the SVM classification accuracy. Taiwan：Institute of Information Management National Cheng Kung University，2004.

第5章 适用于卫星云图云类识别的稀疏分类器构造

卫星云图提供了时空尺度广泛的云分布信息，开展卫星云图云类识别的研究，对于提高天气预报的准确性，增强气候监测的有效性等具有重要的意义。受稀疏表示理论的启发，本章给出一种过完备字典稀疏表示的卫星云图云分类方法：首先选取不同云类样本的灰度及光谱特征，构造一种自适应过完备字典，实现样本的稀疏表示，并以稀疏系数作为样本的字典特征，然后将不同云类训练样本集在字典上的稀疏系数矩阵组成各自的投影子空间，通过对各子空间投影轴进行正交规范处理，设计出一种有效的稀疏分类器，最后根据测试样本与各子空间的相似度实现云类识别。

5.1 当前云分类研究现状

现有云分类算法研究中，阈值法是最简单的分类方法，它尤其适用于区分云图的中云和地表区域。阈值法也是最先应用在卫星云图智能分析中的方法，直至今天仍被大范围地使用。通常，有云和无云的云图特征有一定的差异，通过选择适当的阈值就可以区分云和无云的区域。在红外探测技术出现以前，基于可见光波段的辐射值，利用多个阈值将整个云层分割成多个厚薄不同的层次。红外探测仪投入应用后，红外阈值取代了可见光阈值来确定不同高度的云层。受限于早期的技术水平，当时的云分类方法只能分辨出高、中、低三种类型。伴随着遥感技术的发展，云分析技术也随之进步，陆续出现了动态可见光阈值法、双光谱阈值法、混合双光谱阈值法等云分类算法。阈值法的核心是阈值的确定，然而云的状态通常是未知的，一般是由背景的表面辐射场决定，并会随着日期、季节以及云层下垫面的变化而变换，所以很难给出一个确定的阈值。而且阈值法假设云布满整个像元，在部分云覆盖(如薄层云)情形下，阈值法的分类效果并不好。但是阈值法的计算过程简单易懂，时间复杂度小，在日常应用中易于实现，在当前的气象业务中仍有广泛的应用。

Coakley 等针对单个像元部分有云的情况，将空间相关法引入其中。空间相关法的最大优势就是仅需要红外波段的云图。因此，全天 24 小时可以采用相同的处理方法。但是空间相关法只适用于分析层状云和不透明云，对卷云和对流云的分析能力并不强，而且如果待分析目标区域的表面辐射分布不均匀，分析效果也会大大折扣，所以空间相关法和阈值法相辅相成，极大地提升了云分类的精度。

针对像元部分有云的情况的另一个应对方法是 Reynolds 与 Vonder 在 1974 年提出的双光谱法，该方法通过联合使用红外通道与可见光通道来获取云的结构信息。但是，云量的多少会严重影响太阳光的反射情况，使得根据对太阳光的反射量来估测云的覆盖率存在极大的不确定性，尤其是卫星云图中存在半透明云、高层云的情况下。Desbois 等利用了动态聚类法来解决双光谱法带来的不确定性，并联合三维直方图设计了一种利用可见光通道、红外通道、水汽通道云图来对高云进行判别分类的方法。该算法的基本思路大致为：首先随机抽选若干样本点当成初始聚类中心，其次基于最小距离准则进行聚类处理，从而获得初次分类，然后对初次分类结果进行判断，评价其合理性，如不合理就进一步修改分类。依照上述过程反复修改聚类结果，直至合理为止。

亮温差法也是一种综合利用多通道云图信息实现云分类的方法。由大气物理学相关理论可知，云体温度与普朗克关系是关于波长的函数，使得云在不同通道所成像能体现不同的亮温值。亮温差值法通常基于中波红外通道($3.7\,\mu\mathrm{m}$)通道独特的辐射特性，使用中波红外通道和长波红外通道的亮温差来区分低云、雾气与薄卷云。Olesen 在 1985 年通过实验发现云在 $3.7\,\mu\mathrm{m}$ 波段的透过率较高，且单散射辐射率与 $11\,\mu\mathrm{m}$ 和 $12\,\mu\mathrm{m}$ 波段的单散射辐射率相比要高一点，这使得 $3.7\,\mu\mathrm{m}$ 通道获取的辐射能要高于 $11\,\mu\mathrm{m}$ 通道和 $12\,\mu\mathrm{m}$ 通道上获取的辐射能，且明显高于 $12\,\mu\mathrm{m}$ 通道上获取的辐射能。基于上述结论，可以利用 $3.7\,\mu\mathrm{m}$ 通道 $12\,\mu\mathrm{m}$ 通道的通道差来区分薄卷云和部分有云的区域。

20 世纪 90 年代后期，数据信息量爆炸式的增长给数据的质量控制、数据解读、数据存储带来一系列难题，传统的基于线性关系的统计方法已经不能满足应用的要求，所以研究人员开始寻求新技术来解读卫星云图的内容。近几年来，人工智能算法被应用到遥感领域的研究中，并表现出明显的技术优势与发展前景[1,2]。

1990 年，Lee 将前馈后传类型的神经网络算法应用到云分类中，对 Landsat 卫星云图中的不同云型进行了判别，区分出卷云、积云、层积云。实验结果显示神经网络模型对常规云型的识别率有了明显提高。Welch 等对多种不同的神经网络模型进行了对比，结果表明前馈后传的神经网络模型的分类效果最好，但是因为训练样本是随机抽取的，致使算法收敛的速度较慢。针对这个问题，Bankert采用固定样本的方式，基于概率型神经网络模型成功对海洋区域的云层进行了分类，但是对高云的识别率不高；Logar 在 1997 年利用阈值法对输入层的训练速度进行控制，在一定程度上提高了对高云的识别率。Wilkinson 等提出一种将传统统计方法和神经网络相结合的云分类方法。该方法首先采用不同的机制确定神经网络和统计方法各自分类空间的子区域，并假设重叠区域中的分类结果是最精确的，然后利用另外一个神经网络对分类空间中的矛盾区域进行二次分类。Murai 和 Omatu 在 1997 年基于神经网络算法的基础上结合指标的方法，提高了云分类结果的准确性。

　　上文提到的神经网络方法最大的优势在于可以在分类或者估计中使用不同的信息资料，如雷达探测等。但是一些偏远地区无法获取雷达探测信息，因此神经网络的云分类方法应用范围受到了一定程度的限制。此外，无论神经网络还是统计方法，在进行云特征提取的时候，往往人为地假定只存在单层云，但实际情况通常是不同云系同时出现，彼此有部分区域重叠，尤其是锋面区域附近。在单个像元中，时常出现多种云混叠的情形，如同一像元中同时出现层云与层积云或者高积云与高层云。如果样本中出现这种不确定性的混合云像元，就会严重影响常规云分类算法的准确度。

　　我国的专家学者也对云分类进行了一系列深入的研究，并取得一定的成果。周伟等[3]使用 GMS-4 的 S-VISSR 卫星云图，借鉴 ISCCP 云参数的处理方式，采用阈值法提出了一种云分类方法。结果表明，对总云量的计算是可行的，但受制于红外云图，该方法存在一些不足，如冷空气来临时，需要及时调整降温区域的温度阈值；云顶亮温升高且大于下垫面的亮温值时，这些云会被忽略掉。师春香等[4]采用神经网络和多种阈值相结合的方法，对 GSM-5 红外云图进行了自动分割，并将对应的云区分为积云、卷云、中云、低云。随后，师春香等基于 BP 神经网络对 AVHRR 卫星云图进行了分类，该算法从样本库中提取出各类云的光谱特征、灰度特征，并使用逐个判断的方式对特征进行选择。

　　基于模糊聚类的云分类算法在国内研究的比较少，且主要局限于台风云系的识别，如周凤仙使用灰度共生矩阵获取 GMS-4 台风图像的云图特征，使用模糊聚类算法对云图进行了分类；余波等利用基于模糊理论的扩张原则，把神经网络当成一种映射机制，在神经网络的基础上，结合模糊聚类算法来对台风做出预测。

5.2　过完备字典稀疏表示的卫星云图云分类方法

　　为实现卫星云图的云类自动识别，特征提取及分类器设计是关键，这两方面的相关研究也较为活跃。Georgiev 等运用多尺度方法分析天气系统，并将动力气象的位势涡度理论和卫星水汽图有机结合，勾画出强对流云团的发展趋势[5]；费文龙等运用 Mumford-Shah 模型实现了单通道卫星云图的分割[6]；Liu 等通过分析高层卷云的纹理模式，于 2009 年提出了一种利用云图资料预测台风强度演化规律的新方法[7]。然而，近年来随着星载可见光红外扫描辐射计性能的提高，云图的空间及光谱分辨率都有了很大的提高，云图中包含了更加丰富的结构、形状和纹理等信息，传统的特征提取方法已很难适应高分辨率的卫星云图；同时，常用于云类识别的人工神经网络在应对小样本、高维特征等状况的时候获得的效果很差：要么泛化能力不强，要么学习速度慢、难以收敛[8,9]。

　　为了从根本上解决云类识别的难题，有必要从图像处理的最底层即图像表示出发开展研究。对特征提取来说，其本质就是用少量的系数来描述大部分的图像特征，因此寻求云图的稀疏(sparse)表示将有利于云图的特征表达。而且由于各种云及下垫面光谱性质的复杂多样性，卫星云图中单个像元往往是不同云类及地物特征的线性组合，这正好与稀疏表示思想中将图像看成由多个原子线性组合的思想相吻合。本章针对云图分类识别的难题，在特征提取及分类算法两个层次上引入稀疏表示的思想，首先依据大气科学领域对云层的分类准则，并参考气象专家的意见，选取不同云类样本的灰度及光谱特征，构造一种自适应过完备字典，实现样本的稀疏表示，并以稀疏系数作为样本的字典特征；然后将各类训练样本集依次在自适应字典上进行稀疏表示，得到同类训练样本的稀疏系数矩阵，并以该矩阵作为不同云类的投影子空间，通过对各子空间投影轴进行正交规范处理，设计出一种有效的稀疏分类器，依据测试样本与各子空间的相似度实现云类识别。通过 FY2D 卫星实测云图的处理，本章展示了一种基于稀疏表示理论的云类识别方案和技术途径。

5.2.1　卫星云图云分类体系

　　由于受地形、气压梯度力、太阳光照等的影响，地球大气中的水汽往往呈现不同的相态，水汽相态的变化不仅形成了不同的云类，而且也影响着地球大气能量的收支。不同类型的云具有不同的动力过程和微物理特性，因此开展云分类研究对于理解大气演变规律从而提高气象服务水平具有重要的意义，同时也可指导人工降雨等人工干预大气作业。当前，气象卫星已成为云探测的重要手段，卫星云图分析的重要任务就是根据可见光红外扫描辐射计所记录的不同通道的资料，通过提取云类特征并构建分类模型实现云类识别。

根据云的特性和形成过程建立云分类体系时，通常考虑的几个因素是：云的外观、高度、形成过程和云粒子组成。目前国际上通行的云分类方法，主要是依据云出现的高度将云分为高云、中云、低云和直展云 4 族，再将高云分为卷云、卷层云、卷积云；将中云分为高层云与高积云；将低云分为层云、层积云、雨层云；将直展云分为积云与积雨云等 10 个属。由于卫星探测的局限性，其记录的红外与可见光云图仅反映了云顶亮温及反照率信息，对云的形成过程及云粒子组成较难把握，同时卫星云图中单个像元往往是不同云类及地物特征的综合反映，因此目前针对卫星云图的云分类方法还很难做到准确分类。

本章的研究对象主要为 FY2D 卫星云图，FY2D 卫星所携带的可见光红外自旋扫描辐射计有 5 个成像通道，包括可见光通道(VIS，$0.51\sim0.90\,\mu\text{m}$)、两个红外分裂窗通道(IR1，$10.29\sim11.45\,\mu\text{m}$；IR2，$11.59\sim12.79\,\mu\text{m}$)、水汽通道(IR3，$6.32\sim7.55\,\mu\text{m}$)以及中红外通道(IR4，$3.59\sim4.09\,\mu\text{m}$)，由于成像通道较多，而不同通道对云顶亮温、反照率、水汽含量等大气物理信息的反映各有侧重，因此给云及大气水汽的遥感带来了极大的方便，通过综合利用各通道的信息，有望使云层及下垫面反演的精度大大提高。

根据以上分析，并参照卫星云图在气象业务保障中的具体需求，本章确定了如下的卫星云图分类体系：晴空区陆地、晴空区水体、低云族(雨层云或积云)、中云族(高层云或高积云)、高云族(卷层云或密卷云)及直展云族(主要为积雨云)共 6 类；在该分类体系中，我们将雨层云和积云归入低云族，主要是这两种云多由水滴组成，且常有连续性降水发生；在直展云族中，我们仅检测积雨云，主要是由于积雨云云顶可以延伸至中云族甚至高云族的范围，反映出上升气流非常旺盛，且常伴有雷暴、强降雨等对流天气，这也是气象监测的重点。基于以上云分类体系，我们联合气象专业工作者，并参考地基云图资料及局地降水资料，通过提取 VIS 通道的反照率、IR1～IR4 通道的亮温及 4 种亮温差信息(IR1-IR2、IR1-IR3、IR1-IR4、IR2-IR3)作为云图的初始光谱特征，并建立了卫星云图云分类的样本库。

5.2.2　适合卫星云图特征表达的过完备字典

由于卫星通常是观测大面积的云系，无法保证能够分析出云的微小细节，且云图获取过程中不同云层及下垫面的光谱特性往往叠加作用于扫描辐射计，因此云图像元往往是不同云类及地物特征的综合反映。在这种情况下，云分类的目标应该是将像元划分为占主导作用的云类；若将原始光谱特征直接用于分类，难以取得满意的分类精度，急需新的特征提取方法。近年来，稀疏表示理论成为信号处理领域一个重要的研究方向，该理论模拟哺乳动物的视觉特性，通过把图像表示成多个基函数的线性组合，并将组合系数看成图像的高级特征，从而有望提取出云图像元所蕴含的复杂云类及地物特性。基于上述理论，本小节对卫星云图的初始光谱特征进行过完备字典稀疏表示，以获取云图的字典特征。由第3章对稀疏表示理论的介绍可知，稀疏表示方法采用过完备字典分解取代传统的正交分解，使得信号的分解结果（即稀疏表示系数）非常简洁，将其推广到原始云图光谱特征的分解，一方面可分离云图像元所蕴含的不同云类及地物的光谱特征，同时表示系数的稀疏性也非常符合人眼的视觉特性。由于过完备字典的结构及形成方法既对表示系数的稀疏性有决定作用，也会极大地影响信号稀疏分解的速度，为了保证所选字典具有自适应性，即所有样本均能被同一个字典稀疏分解，本章采用学习算法，构造一种适合云图特征表达的自适应过完备字典。目前，获得过完备字典的方式主要可以划分为两类：

（1）基于数学模型选取过完备的基向量组成的固定基字典，如过完备的小波基或将 Ridgelet、Curvelet、Bandelet、Contourlet 等作为原子模型级联成过完备字典。

（2）根据已知样本通过学习得到自适应过完备字典。

由于卫星云图作为一种典型的遥感图像，含有丰富的光谱信息，特别是不同云系的光谱特征可能极其相似，而且不同云层往往互相交叠，某种云系可能包含在另一种云系中，因此固定基字典并不能保证云图样本表示的稀疏性和独特性，而通过学习获得的过完备字典有望逼近云图本身的结构特性，从而实现不同云类样本的稀疏表示。另一方面，由于卫星云图成像过程中不可避免地会受到噪声干扰，如果对所选样本预先进行去噪，又会破坏云图的原始信息，因此本章构造了一种既能保证信号表示的稀疏性和独特性，又具备一定抗噪能力的自适应学习字典。

首先初始化一个冗余的 DCT(discrete cosine transform)矩阵，然后针对不同云类样本的特征向量，采用 K-SVD 字典学习算法构造过完备字典[10]。K-SVD 算法衍生于 K 均值聚类的思想，同时结合矩阵的奇异值分解（singular value decomposition，SVD），通过不断调整过完备字典的原子，构造出与训练样本特性相匹配的字典。令云图样本集为 $Y = \{ y_i \mid y_i \in R^M, i = 1, 2, \cdots, N \}$，K-SVD 算法通过求解如下的约束优化问题，寻求最能稀疏表示样本集中任意样本的字典 $D \in R^{M \times K}$（其中 $K < N$）：

$$\min_{D,X} \|Y - DX\|_F^2 \quad \text{s. t.} \quad \forall i, \|x_i\|_0 \leqslant C \tag{5.1}$$

式中，$\| \bullet \|_F$ 为 Frobenius 范数，$X = \{x_i \mid x_i \in R^K, i=1, 2, \cdots, N\}$ 为样本集 Y 的稀疏表示稀疏矩阵，x_i 为与样本 y_i 对应的稀疏表示系数。K-SVD 迭代过程中，单个训练样本的稀疏表示可以采用式(5.2)的形式进行求解：

$$\min\|\alpha\|_1 \quad \text{s. t.} \quad \|u - D\alpha\|_2 \leqslant \varepsilon \tag{5.2}$$

其中，$\| \bullet \|_1$ 为解 L_1 范数问题，$u \in R^N$ 为 N 维数学信号，通过限定 ε 的值，就能满足抗噪的需求[11]。在实际计算过程中，K-SVD 采用两步交替迭代的方案：

（1）稀疏编码：固定字典 D，采用正交匹配追踪（orthogonal matching pursuit，OMP）求解每个样本 y_i 的稀疏表示系数。

（2）字典更新：对于每一个字典原子 d_k，其中 $k=1, 2, \cdots, K$，找到在稀疏表示时使用了该字典原子的样本数据序号，计算表示误差矩阵并从中选择出和该原子有关的部分组成子矩阵，对该子矩阵作 SVD 分解，利用分解结果更新当前的字典原子；

以上过程交替迭代，直到收敛。图 5.1 给出了经过 K-SVD 算法，DCT 字典被训练成了新的字典。从字典的构成上看，初始 DCT 字典的结构呈现一种规则性，只能保证对某类信号具有稀疏性；而学习后的字典则打破了这种规律性，这说明 K-SVD 算法通过用不同类别的云图样本来训练原子库，有效地改进了字典结构，使得所构建的字典能对不同类别的云图样本做出不同的反应，从而可以将样本在此字典上进行稀疏表示，便于稀疏分类器的构建。

　　　（a）初始 DCT 字典　　　　　　　　　　　　（b）K-SVD 算法训练后的字典

图 5.1　学习前后的字典

5.2.3　字典特征的提取

上述 K-SVD 运算通过过完备字典构建和样本稀疏表示的结合，获取了包含 K 个原子的过完备字典 $D \in R^{M \times K}$，这相当于从 N 个训练样本中提取了 K 个原型特征向量（prototype feature vector），使得每个训练样本都可以稀疏地表示为字典原子的线性组合，即

$$\|y_i - Dx_i\|_2 \leqslant \varepsilon, \quad i = 1, 2, \cdots, N \tag{5.3}$$

由于系数向量 $x_i \in R^K$ 的大部分分量为零，而非零的分量恰好表征了该样本在特定的字典原型中有响应，因此 x_i 与原始的样本向量 y_i 相比，强化了云分类的信息，因此将 $x_i \in R^K$，$i=1, 2, \cdots, N$ 作为云图样本的字典特征。

5.2.4 基于重构残差的稀疏分类器

文献［12］提出一种基于重构残差的稀疏表示分类器：设训练样本 $y_i \in R^M$，$i = 1, 2, \cdots, N$ 分属于 n 个不同的类别，且第 i 类的训练样本数为 m_i（样本总数 $N = \sum_{i=1}^{n} m_i$），这些样本向量按类别依次排列，构成一个样本矩阵 $\boldsymbol{\Psi} = [\boldsymbol{D}_1, \boldsymbol{D}_2, \cdots, \boldsymbol{D}_n]$，其中子矩阵 $\boldsymbol{D}_i = [y_{i,1}, y_{i,2}, \cdots, y_{i,m_i}]$ 中的每个列向量均来自于同一个类别的样本，显然样本矩阵 $\boldsymbol{\Psi} \in R^{M \times N}$。如果每一类的训练样本都足够充分，则 $\boldsymbol{\Psi}$ 就构成了一个完备训练样本矩阵，此时可将其看成一个完备的分类字典。假设测试样本 $y \in R^M$ 属于字典中的第 i 类，那么理论上 y 可以被其同类训练样本即 $\boldsymbol{D}_i$ 线性表示 $y = x_{i,1} d_{i,1} + x_{i,2} d_{i,2} + \cdots + x_{i,m_i} d_{i,m_i}$，而与其他类别的训练样本向量无关，也就是说，如果将 y 表示成整个字典 $\boldsymbol{\Psi}$ 的线性组合，那么只有对应于 $\boldsymbol{D}_i$ 的列向量上的组合系数非零，因此组合系数可以看成测试样本在字典 $\boldsymbol{\Psi}$ 上的稀疏编码系数，可以通过 l_1 范数最小化问题求解：

$$\min_x \|\boldsymbol{x}\|_1 \quad \text{s.t.} \quad \|\boldsymbol{y} - \boldsymbol{\Psi}\boldsymbol{x}\|_2 \leqslant \varepsilon \tag{5.4}$$

其中稀疏编码系数为

$$\boldsymbol{x} = [x_{1,1}, x_{1,2}, \cdots x_{1,m_1}, \cdots, x_{i,1}, x_{i,2}, \cdots, x_{i,m_i}, \cdots, x_{n,1}, x_{n,2}, \cdots, x_{n,m_n}]^\mathrm{T} \in R^N \tag{5.5}$$

理想情况下仅有对应 y 所属类别的 m_i 个系数非零，其他系数均为零或很小。求得测试样本的稀疏编码系数后，按式（5.5）将该系数按不同类别编排成 n 类，第 $i(i = 1, 2, \cdots, n)$ 类系数 x_i 与 D_i 做矩阵乘法，即得到重构信号 $\overline{y_i} = \boldsymbol{D}_i \boldsymbol{x}_i$，则重构误差 $e_i(y) = \|\boldsymbol{y}_i - \overline{\boldsymbol{y}_i}\|_2$ 最小的类别即为最终的识别结果。总的算法流程如下所示：

算法：基于重构残差的分类器

（1）构造冗余字典矩阵 $\boldsymbol{\Psi}$；

（2）令未知类别的样本 $y = \boldsymbol{\Psi}x$；

（3）求解 $\hat{\boldsymbol{x}} = \min_x \|\boldsymbol{x}\|_1$ s.t. $\|\boldsymbol{y} - \boldsymbol{\Psi}\boldsymbol{x}\|_2 \leqslant \varepsilon$，其中 $\hat{\boldsymbol{x}} \in R^k$ 是系数向量的解，将 $\hat{\boldsymbol{x}}$ 顺序均分为 m 类；

（4）计算残差 $e_i(y) = \|\boldsymbol{y} - \boldsymbol{D}_i \hat{\boldsymbol{x}}_i\|_2$，其中 $\hat{\boldsymbol{x}}$ 是第 i 类的表达系。

然而，在实际的云类智能识别研究中，带有专家标记的云类样本往往有限，

训练样本集无法涵盖所有可能出现的情况，而且云处于动态变化的过程中，从云的生成、发展直到消亡，同一类云在不同阶段表现出的特征都有所不同；加之卫星云图的形成不可避免地受到大气湍流、太阳高度角变化、噪声干扰及不同云层间互相覆盖等的影响，造成测试样本稀疏表示向量的非零系数并非仅限于所属样本。比如，假设类别 1 和类别 2 存在一定的相似性，且来自类别 1 和类别 2 的训练样本相邻排列，则某个属于类别 1 的测试样本在分类字典 $\boldsymbol{\Psi}$ 上进行稀疏分解后，其非 0 系数可能在子矩阵 $\boldsymbol{D}_1$ 和 $\boldsymbol{D}_2$ 的对应向量上均有分布，特别是在两类的交界处，因此在计算重构误差的过程中有一定概率出现 $e_2(\boldsymbol{r}) < e_1(\boldsymbol{r})$ 的情况，即发生误判。基于上述原因，本章给出一种建立在稀疏表示理论基础上的分类器。

5.2.5 采用子空间投影的稀疏分类器

为了克服基于重构残差的稀疏分类器在云类识别时的困难，我们从哺乳动物视觉神经元感受外界刺激的响应特性出发，构造一种新的稀疏表示分类器。从生物学角度上看，哺乳动物视觉系统中存在一系列的视觉神经元，视觉神经元能对刺激进行稀疏编码，即当受到特定的外界刺激时，只要有少量对应的神经元接受刺激并产生响应，就可正确地感知刺激所携带的信息[13,14]。对于云类识别而言，如果把分类字典 $\boldsymbol{\Psi}$ 看成视觉神经元集合，则测试样本在 $\boldsymbol{\Psi}$ 上的稀疏表示系数就表征了在特定刺激下神经元的状态：稀疏系数不为 0 的位置表示该神经元接受了刺激，为 0 则表示该处的神经元没有接受刺激，因此可将样本的稀疏分解过程理解为神经元对特定刺激的稀疏响应，受到刺激时响应的神经元个数远小于总的神经元数量。既然这样，我们就可以假定，即使分类字典 $\boldsymbol{\Psi}$ 的过完备性不能满足（即神经元数量不足）或部分神经元受损，也有望得到正确的分类结果。

视神经生理学的研究表明，成年后随着年龄的增长，视神经元细胞有减少的趋势，并且部分神经元细胞会出现一定程度的损伤，但这并不意味着大脑的视觉感知能力就衰退了，究其原因，主要在于决定大脑视觉感知活动的除了神经元的数量外，更具有重要意义的是神经元是否能构建出有效的信息网络。视觉感知时神经元对外界刺激的稀疏响应特性，决定了即使缺失了部分神经元，剩下的数量还是非常充足的。受此启发，本章针对实际云类智能识别研究中，由于训练样本集无法涵盖所有可能出现的情况而致使传统分类字典 $\boldsymbol{\Psi}$ 的过完备性不能满足，造成分类性能下降的问题，提出一种改造原始分类字典原子(可类比成一个神经元细胞)的方案。具体就是首先将各训练样本在 5.2.2 节所构建的自适应冗余字典上进行稀疏表示，提取样本的字典特征(即稀疏表示向量)，将原始样本 $Y = \{\boldsymbol{y}_i \mid \boldsymbol{y}_i \in R^M,\ i=1,\ 2,\ \cdots,\ N\}$ 改造成稀疏系数 $X = \{\boldsymbol{x}_i \in R^K,\ i=1,\ 2,\ \cdots,$

N}，由于 $K > M$，且 $\boldsymbol{x}_i$ 的稀疏特性包含了云图的本质特征，因此用 $\boldsymbol{x}_i$ 作为原子来构建稀疏分类字典将比用 $\boldsymbol{y}_i$ 构建的稀疏分类字典具有更好的分类性能，因为如果将 $\boldsymbol{x}_i$ 和 $\boldsymbol{y}_i$ 看成神经元，则 $\boldsymbol{x}_i$ 比 $\boldsymbol{y}_i$ 的发育更完善。

另一方面，由于神经元在感知信息时，在功能上是分区的，不同的分区各司其职，从而完成不同的感知任务，为了模仿这种生物学特性，本章提出一种采用子空间投影的稀疏分类器。首先将各类训练样本在 5.2.2 节所构建的自适应冗余字典上进行稀疏表示，并依训练样本的不同类别组成不同的稀疏系数矩阵，如果有 n 类不同的训练样本，那么会得到 n 个不同的稀疏系数矩阵，每个矩阵均看成一个高维投影空间，依次标号为 $1 \sim n$，表示其所属类别，在每个稀疏系数矩阵中，相应的稀疏系数向量看成该空间的投影轴。在进行样本测试时，将测试样本的稀疏系数向量在各个子空间的投影轴上进行投影，得到投影向量。由于一般来说测试样本在其所属类别的投影空间上所得的投影向量的模最大，因此可以依据投影结果实现分类。由于测试样本在各子空间的投影是独立进行的，这仿真了神经元的分区特性，可以降低基于重构残差稀疏分类器的误分概率。

然而，在实际的云分类中，我们发现由于训练样本选择的随机性，往往导致各个投影空间的投影轴之间存在不同程度的冗余度，主要表现为各个投影轴不存在正交规范性。上述问题会影响后续分类的准确度。举例来说，假设某两类云图各有三个训练样本，则它们所构成的投影子空间分别有三个投影轴，如果属于类别 1 的某个测试样本在类别 1 所对应的投影子空间中的投影向量为 [0，1，3]（投影分量为 0，表示测试样本的稀疏系数向量刚好和该投影轴正交），而在类别 2 所对应的投影空间中的投影向量为 [2，2，2]，则显然在投影空间 2 的投影向量的模较大，从而发生了误判。因此，为了提高后续分类的准确度，需要对各个投影子空间的投影轴作正交规范处理，为实现这一目标，本章对组成各投影子空间的稀疏系数矩阵进行奇异值分解（SVD），构造新的投影子空间。

设属于第 c 类云的训练样本 $\boldsymbol{y}_i^{(c)} \in R^M$，$i = 1, 2, \cdots, m_c$，将它们分别在过完备字典 $\boldsymbol{D} \in R^{M \times K}$ 上进行稀疏表示，所提取的字典特征（即稀疏表示系数）为 $\boldsymbol{x}_i^{(c)} \in R^K$，$i = 1, 2, \cdots, m_c$：

$$\overline{\boldsymbol{x}_i^{(c)}} = \min_{\boldsymbol{x}_i^{(c)}} \| \boldsymbol{x}_i^{(c)} \|_1 \quad \text{s. t.} \quad \| \boldsymbol{y}_i^{(c)} - D\boldsymbol{x}_i^{(c)} \|_2 \leqslant \varepsilon \qquad (5.6)$$

则所有属于第 c 类云训练样本的稀疏表示系数组成的矩阵构成 c 类云的投影子空间：

$$M_c = [x_1^{(c)}, x_2^{(c)}, \cdots, x_{m_c}^{(c)}] \in R^{K \times m_c} \qquad (5.7)$$

对 M_c 进行 SVD：

$$M_c = U_c \Sigma_c V_c^* \qquad (5.8)$$

式中，M_c 表示原始的投影空间，U_c 是 $K \times K$ 阶酉矩阵，Σ_c 是半正定 $K \times m_c$ 阶

对角矩阵，而 V_c^* 即 V_c 的共轭转置，是 $m_c \times m_c$ 阶酉矩阵。由于 U_c 的列组成一组正交规范基，这组正交规范基正是 $M_c M_c^*$ 的特征向量，它们按重要性有序排列，因此可以选择 U_c 或 U_c 的前面几个特征向量作为投影轴，张成新的投影子空间，此时各投影轴均为单位正交向量。对所有类别的原始投影子空间均按上述方法进行正交化处理，得到代表不同云类的投影子空间，然后就可依据测试样本的稀疏系数向量在各子空间投影向量模的大小，实现正确的分类。

本章提出的基于过完备字典的稀疏表示卫星云图分类方法（CCSI-ODSR）的总流程图如图 5.2 所示。

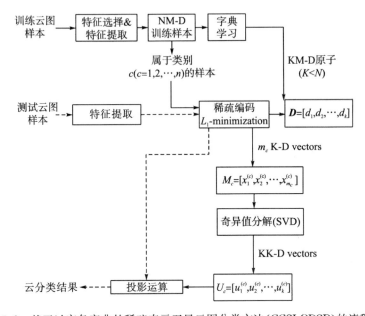

图 5.2　基于过完备字典的稀疏表示卫星云图分类方法（CCSI-ODSR）的流程图

5.3　实验结果与分析

在本小节，我们对提出的云分类方法进行实验仿真，实验数据来源于 FY2D 卫星。首先对 CCSI-OSDR 的分类准确率进行评价，然后通过与传统云分类方法的对比来阐述本章方法的优点。众所周知，一个可行的且高效的云分类器需要一组云类型已知的样本集。这些类型确定的云样本集之间可以由各类云的不同光谱特征来区分。由于云类型的确定受实际需求的影响，类型的界定通常是复杂多变的。基于上述原因，本章把原始云图（包括前景和背景）分为六种典型的类型，分别是晴空水面（clear water，CW），晴空陆地（clear land，CL），积雨云

（cumulonim bus，CB），高层云或高积云（altostratus ＆ altocumulus，AS&AC），卷层云或密卷云（cirrostratus ＆ cidens，CS&CD），雨层云或积云（nimbostratus ＆ cumulus，NS&CU）。

在仿真试验中，我们从 FY2D 卫星的 IR1，IR2，IR3，IR4，VISA 五个通道中各选择 10 幅白天的卫星图像。三位气象学专家检查了所选云图，基于目视检查和气象学领域的相关知识，参照云图像元的灰度值确定所有可能的云类型。然后，在标记过的云图中，我们为每个确定的类选择 360 个样本，每个样本的特征向量包含 5 个通道的数据(IR1，IR2，IR3，IR4，VIS)和 4 个不同的光谱通道差，通过 IR1-IR3、IR2-IR3、IR5-IR3、IR1-IR2 计算得到。为了有效地体现云图的光谱信息，所选样本的特征向量在实验前进行了标准化处理。从这些类型确定的样本中随机抽取 1/2 用于训练，其余的则用于测试。

5.3.1　CCSI-ODSRF 分类器的准确率

为测试本章云分类方法的准确性，每类随机选择 180 个样本用于测试，结果如表 5.1 所示。

表 5.1　CCSI-ODSR 分类结果

云的种类	分类结果					
	CW	CL	CS&CD	AS&AC	NS&CU	CB
CW	175	5	0	0	0	0
CL	6	164	2	2	2	21
CS&CD	0	0	112	12	56	0
AS&AC	1	0	16	163	0	0
NS&CU	0	0	12	0	168	0
CB	0	0	0	0	4	176

从表 5.1 可以看出，CCSI-ODSR 对于全部 6 类 1080 个测试样本，正确分类的数目是 958 个，整体分类准确率达到 88.7%(整体分类准确率由分类正确的样本数量除以样本总数计算得出)。特别是对于 AS&AC、NS&CU 和 CB，分类准确率分别达到了 90.6%、93.3% 与 97.8%，由于 AS&AC 中的 AC 可与 AS 相互演变，在冬季，AS&AC 云系的出现预示着移动的气旋会到达，可能形成长期固定的降雨或降雪，在夏季，AS&AC 云系与风暴或热带气旋有关；NS&CU 多出现在暖锋云系中，由整层潮湿空气系统滑升冷却而成，它经常会造成较长时间的连续降雨；而 CB 往往与强对流云团有关，几乎总是形成包括雷电、阵性降水、阵性大风及冰雹等天气现象；这几种云系均为气象服务中的重点监测对象，对它

们的高识别率充分显示了 CCSI-ODSR 的应用价值。同时，从表中也可看出，CCSI-ODSR 对于晴空样本的检测准确率很高，这表明该方法也可应用到基于卫星云图的云检测中。另一方面，我们也注意到，对于 CS&CD，CCSI-ODSR 的分类精度并不高，主要原因是 CS&CD 属于高层云系，这种云系通常与中层云和底层云同时出现，并彼此重叠，所以高层云主要表现为混合云系。如何定义混合云系的类别，并提高混合云系的分类准确率是下一步工作需要重点研究的内容。

5.3.2 多种分类器的对比

当前，存在多种云分类技术和方法，每一种都有各自的分类性能。本次试验，我们横向对比 CCSI-ODSR、基于稀疏表示的分类器(SRC)和基于 SVM 的分类器(SVMC)三种分类方法的结果。采用与 5.3.1 节相同的准则，随机抽选 180 个样本作为训练样本，剩余的 180 个样本作为测试样本。对于 SVMC，我们选择高斯核函数。统计结果表明，CCSI-ODSR 分类系统的性能要优于其他两种分类系统。详细的结果如表 5.2 所示。

表 5.2　不同分类方法的识别率 （单位:%）

分类方法	不同云系的识别率						总体识别率
	CW	CL	AS&AC	CS&CD	NS&CU	CB	
SVMC	93.3	93.3	73.9	18.3	91.7	99.4	78.3
SRC	96.1	100	0	0	0	100	49.3
CCSI-ODSR	97.2	91.1	90.6	62.2	93.3	97.8	90.5

从上表可以看出，整体上 CCSI-ODSR 的分类结果要优于 SRC 和 SVMC，但是对于 CL，SVMC 的分类效果较好。通过实验我们可以发现，传统 SRC 分类器往往将 AS&AC 错分为 CB，而且 SRC 整体准确率只有 49.3%，这表明 SRC 很难在实际的云分类工程应用中得到应用。至于 SVMC，CW、CL、NS&CU 和 CB 几种类型的云的分类性能和 CCSI-ODSR 的性能大致相同，表现出良好的分类效果。然而，对于 AS&AC 和 CS&CD 两种云系，与 SVMC 相比，CCSI-ODSR 的准确率分别提高了 16.7% 和 43.9%。整体而言，本章提出的 CCSI-ODSR 方法具有最优的分类性能。

为了对分类结果有一个更直观的认识，我们对 FY2D 云图数据进行伪彩色的可视化处理。原始云图选取 2011 年 8 月 4 日，北京时间 07：15 的云图。为便于处理，我们从各个通道的原始云图中截选了同一块大小为 512×512 的区域，该区域主要包括"梅花"台风气旋及其周边的我国东南沿海区域等。IR1 通道原始云图如图 5.3(a)所示，经气象专家标定云类型的云图如图 5.3(b)所示。其中在标记图中，三角形▲代表 CS&CD，菱形◆代表 AS&AC，十字叉＋代表 NS&CU，星形★代表 CB，方形■和圆●分别代表 CW 和 CL。

经彩色编码处理后云图如图 5.4 所示。因为 SRC 分类算法较低的识别率，所以没有对 SRC 的分类结果进行彩色编码。

(a)IR1 云图

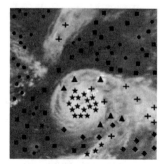

(b)标记过的云图

图 5.3　原始 IR1 云图和标记后的云图

(a)CCSI-ODSR

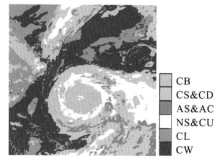

(b)SVMC

图 5.4　CCSI-ODSR 和 SVMC 算法的分类结果

从图 5.4 可以看出，CCSI-ODSR 和 SVMC 在绝大多数的区域都与专家标记图有极好的对应关系。例如，在云区的范围以及晴空水面的划分，两种方法均能得到与图 5.3(b)基本上一致的结果；对于"梅花"台风的螺旋状雨带云系以及台风中心附近的积雨云，两种方法也都能正确标记。在分类的细节方面，CCSI-ODSR 的结果要比 SVMC 的分类结果更胜一筹。对于台风的外围云系，SVMC 将大片的 AS&AC 错分为 CS&CD(云图右下角)，这再次印证了 SVMC 对于 AS&AC 较差的分类性能。从上述分析可知，CCSI-ODSR 分类性能要优于 SVMC 和 SRC。

5.4 本 章 小 结

本章探索了基于稀疏表示的云分类算法，并对 FY2D 卫星云图数据做了仿真实验。本章提出的将测试样本在过完备冗余字典上的稀疏分解系数作为样本的字典特征，并构造不同云类型的投影子空间。然后各类测试样本的字典特征在各个投影子空间进行空间投影运算，得出样本与各个云类型间的相似度。经气象专家的标定，选择了六类典型的云类型作为实验样本。实验表明，本章提出的方法在性能上要优于 SVM 分类器及传统的稀疏残差分类器。但是仅仅利用灰度和光谱特征作为样本的特征并不能很好地区分所有的云类型，对某些云类型的识别准确率并不高。进一步的研究内容主要包括寻求一种更有效且鲁棒性强的特征提取方法，以及与其他分类器级联的方式进一步提升云分类器的性能。

参 考 文 献

[1] 秦其明，陆荣建. 分形与神经网络方法在卫星数字图像分类中的应用. 北京大学学报(自然科学版)，2000，36(6)：557-864.

[2] 梁益同，胡江林. NOAA 卫星图像神经网络分类方法的探讨. 武汉测绘科技大学学报，2000，25(2)：148-152.

[3] 周伟，李万彪. 用 GMS-5 红外资料进行云的分类识别. 北京大学学报，2003，39(1)：83-90.

[4] 师春香，吴蓉璋，项续康. 多阈值和神经网络卫星云图云系自动分割试验. 应用气象学报，2001，12(1)：70-78.

[5] Georgiev C G, Kozinarova G. Usefulness of satellite water vapour imagery in forecasting strong convection：A flash-flood case study. Atmospheric Research，2009，93(1-3)：295-303.

[6] 费文龙，吕红，韦志辉. Mumford-Shah 回归模型在卫星云图检测中的应用. 中国图象图形学报，2009，14(4)：598-603.

[7] Liu C C, Shyu T Y, Chao C C, et al. Analysis on typhoon longwang intensity changes over the ocean via satellite data. Journal of Marine Science and Technology，2009，17(1)：23-28.

[8] Donoho，D L, Johnstone M. Wavelet shrinkage：asymptopia. Journal of the Royal Statistical Society，1995，57(2)：301-369.

[9] Donoho D L. De-noising by soft thresholding. IEEE Transactions on Information Theory，1995，41(5)：613-627.

[10] Aharon M, Elad M, Bruckstein A M. The K-SVD：an algorithm for designing of overcomplete dictionaries for sparse representation. IEEE Trans. on Signal Process，2006，54(11)：4311-4322.

[11] Yang J, Wright J, Huang T, et al. Image super-resolution via sparse representation. IEEE Transactions on Image Processing，2010，19(11)：2861-2873.

[12] Zhang L，Yang M，Feng X C. Sparse representation or collaborative representation：Which helps face

recognition. IEEE International Conference on Computer Vision，Barcelona，Spain，2011：471-478.

［13］步晓亮，霍宏，方涛. 基于稀疏表示的旋转鲁棒遥感影像特征提取. 计算机工程，2012，38(14)：124-127.

［14］宋相法，焦李成. 基于稀疏表示及光谱信息的高光谱遥感图像分类. 电子与信息学报，2012，34(2)：268-272.

第6章 采用多模糊支持向量机决策融合的积雨云检测

积雨云检测在卫星云图的天气监测应用中具有重要的意义，云图特征的合理选取是提高积雨云检测精度的关键。针对云图分析中一方面希望通过添加更多的特征增加云分类识别的准确率，另一方面却由于特征维数过高而造成的过拟合现象，本章采用决策融合策略，提出一种基于多模糊支持向量机（fuzzy support vector machine，FSVM）的积雨云检测方法。首先从训练云图提取光谱特征、通道亮温差特征、一阶灰度直方图纹理特征、灰度共生矩阵纹理特征以及 Gabor 小波特征，并组成包含 5 类特征的训练样本集；然后针对每类特征，训练 5 个 FSVM 子分类器，最后对各子分类器的结果在输出空间进行加权决策融合，以提高积雨云检测的准确率。

6.1 积雨云检测的研究现状

雷暴、冰雹、龙卷风、局部强降雨等强对流天气与积雨云密切相关，它们严重威胁着人类的生命财产安全，对积雨云准确的检测、预警至关重要[1,2]。卫星云图分析是检测积雨云发生发展过程的重要手段，然而早期建立的基于气象专家人工标注云类的方法却随着大型气象卫星的发展、海量超高分辨率云图数据的发回显得捉襟见肘，基于计算机的云类自动识别由此应运而生，并在强对流天气的监测中发挥越来越重要的作用[3]。

基于计算机的卫星云图分析识别可以简单地概括为三个步骤，即目标图像预处理、特征提取及最终的分类识别，它快速、客观、准确的云类识别能力是传统人工标注法所无法比拟的。Barnali 等将特征提取与神经网络相结合，提出了一种积雨云识别方法，但由于神经网络方法建立在经验风险最小化的基础上，准确分类需要大量样本，这在实际应用中往往很难满足；支持向量机（support vector machine，SVM）在小样本、非线性及高维模式识别中有很大优势[4,5]，Xu 等利用 SVM 对台风云系中的积雨云进行分割，取得了较好的效果[6]。然而，由于卫星云图的观测范围广，且云随时处于动态的变化过程中，一幅目标云图可能涵盖了某类云的产生、成熟、消亡的全过程，在对其的自动分类识别很难提取到"类内高凝聚，类间高差异"的特征。因此，在对卫星云图进行特征提取时，往往将更多特征纳入特征集以增加识别的准确率，但这造成了一个矛盾：一方面希望通过参考更多的特征而反映云类间的本质区别，从而增加云分类识别准确率，而另一方面却由于特征维数过高造成"过拟合"现象。而且，不同特征的识别性能差异甚大，如果添加与识别相悖的无关特征反而将影响到最终分类结果的准确性。如何平衡目标识别准确率与特征选择两者间的关系成为云分类识别中亟需解决的问题，也是实现积雨云准确检测的关键[6-8]。同时，由于传统 SVM 不具有模糊处理能力，难于应对云图中不同云类之间所表现出的模糊、不确定性，模糊支持向量机(FSVM)通过引入模糊隶属度实现对模糊信息的处理，有望在积雨云检测中发挥作用。

针对以上问题，本章提出一种采用多 FSVM 决策融合的积雨云检测方法，首先从卫星云图中提取包含 5 类特征的训练样本集，并针对每类特征训练 5 个 FSVM 子分类器，通过对每个子分类器输出结果的加权决策融合，实现积雨云检测。风云 2 号 D 星(FY2-D)实测云图的处理表明，该方法在参考多种特征以反映积雨云本质的同时，可以克服由于特征维数过高而造成的"过拟合"现象，积雨云检测准确率优于传统方法。

6.2　积雨云及其特征提取

积雨云根据其发展状况可分为秃积雨云、鬃积雨云，其中秃积雨云处于积雨云的初始阶段，而鬃积雨云则是处于其发展极盛阶段。当太阳辐射强烈，下垫面温度升高，或冷空气南下遇到湿暖空气时，就会造成湿暖空气急速上升，当蕴含丰富水分的湿暖空气上升到一定高度遇冷达到冻点就开始冰晶化，形成积雨云。积雨云浓厚，垂直尺度极大，云底在 $400 \sim 1000m$，而云顶能达到 $8000 \sim 10000m$。它的出现往往带来强降水、雷电、冰雹、强烈的外旋气流、下击暴流等强对流天气，这必将给人们的日常生活带来严重的影响，对其的准确检测意义重大[3]。

本章所提出的采用多 FSVM 决策融合的积雨云检测方法的训练过程包括 4 步：

(1)多特征的提取。提取目标云图的光谱特征、通道亮温差特征、一阶灰度直方图纹理特征、灰度共生矩阵纹理特征以及 Gabor 小波特征，组成包含 5 类特征的训练样本集。

（2）多 FSVM 的训练。针对 5 类特征，训练 5 个 FSVM 子分类器。

（3）估算权重系数。对 5 个 FSVM 的输出结果进行加权，使不同特征识别结果具有不同的"重要性"。

（4）决策融合。对 5 个 FSVM 的加权输出结果进行决策融合，建立最终的积雨云检测系统，用于日常卫星云图的分析处理。

气象卫星云图覆盖范围广，以我国 FY2-D 卫星为例，其所成云图的经纬度跨度分别为 50°E—145°E、−5°S—60°N，其中所包含的地理、海洋、大气信息庞大而繁杂，提取能反映积雨云与背景云图本质区别的特征，实现积雨云的精确检测难度较大。本书对待测云图分别提取多通道光谱特征、通道间亮温差特征、一阶灰度直方图纹理特征、基于灰度共生矩阵（gray level co-occurrence matrix, GLCM）的纹理特征及 Gabor 小波高频信息特征，构成 5 个独立的样本特征集，用于后续 FSVM 的训练与测试。

1. 多通道光谱特征

Hong 等[6]利用红外云图光谱信息反演云顶亮温用于强对流云团的识别，取得初步效果。但此种单一利用红外通道云顶亮温的阈值分割法易受时空变化的影响，很难将目标云类从复杂的云图中分离出来。本章的研究对象主要为 FY2-D 卫星云图，FY2-D 卫星所携带的可见光红外自旋扫描辐射计有 5 个成像通道，包括可见光通道（VIS，$0.51 \sim 0.90\,\mu m$）、两个红外分裂窗通道（IR1，$10.29 \sim 11.45\,\mu m$；IR2，$11.59 \sim 12.79\,\mu m$）、水汽通道（IR3，$6.32 \sim 7.55\,\mu m$）以及中红外通道（IR4，$3.59 \sim 4.09\,\mu m$），不同通道对云顶亮温、反照率、水汽含量等大气物理信息的反映各有侧重，因此给云及大气水汽的遥感带来了极大的方便。由于云类的光谱特征在云图上最直接的反映是灰度明暗大小，同时为了削弱随机噪声的影响，我们对每个样本点提取 IR1、IR2、水汽、IR4 通道云图上对应位置的邻域灰度均值作为光谱特征，VIS 通道云图由于受光照、季节、纬度的影响较大，因此不纳入光谱特征集。

2. 通道亮温差特征

Mecikalski 等[9,10]通过对强对流天气期间 GOES 卫星的观测数据进行分析，发现光谱为 $6.5\,\mu m$ 与 $10.7\,\mu m$ 通道亮温差可以反映强对流云团的云顶高度，当其差值为负值时，表明此时云顶高度已经超过了对流层，而当差值在 $-35 \sim 5K$ 时，极有可能发生强对流天气；同时，光谱为 $10.7\,\mu m$ 与 $13.3\,\mu m$ 通道亮温差则可以描述强对流云发展前期积状云的状态，当差值在$-25\sim-5$K 时，可以作为强对流云的判别依据。虽然 FY2-D 所带扫描辐射计与 GOES 卫星有所不同，但通过对照 FY2-D 卫星与 GOES 卫星成像通道的光谱范围，发现 GOES 卫星的 $6.5\,\mu\text{m}$ 与 $10.7\,\mu\text{m}$ 的成像通道恰好被 FY2-D 卫星的水汽及 IR1 通道覆盖，而 FY2-D 卫星 IR2 通道的光谱范围接近 GOES 卫星的 $13.3\,\mu\text{m}$ 通道，因此本书提取 FY2-D 卫星云图 IR1 通道与水汽通道、IR1 通道与 IR2 通道两种通道亮温差特征用于积雨云检测。

3. 灰度直方图纹理特征

纹理作为一种重要的信息特征，可以提供图像区域的光滑度、稀疏性和规则性信息[11]，卫星云图纹理细节丰富，如层云纹理光滑均匀，积云纹理褶皱有斑点，卷云纹理呈纤维状，提取有效的纹理特征，可以极大地提高云图分析的准确性。由于图像的灰度分布往往反映了局部结构的空间重复周期，周期大的纹理比周期小的纹理看上去要粗糙，而基于灰度直方图的统计特征能够表征纹理的粗细程度，因此我们在云图特征提取时，通过相应邻域的一阶灰度直方图，计算均值、方差、平滑度、三阶距、一致性、熵这 6 种统计量作为云图的灰度直方图纹理特征，用于积雨云检测（为了控制特征维数，纹理特征提取时仅针对 IR1 通道云图进行），具体公式可见参考文献[12]，本章不再赘述。

4. 灰度共生矩阵纹理特征

灰度共生矩阵（GLCM），与一阶灰度直方图不同，它反映的是图像中两像素之间的联合分布。假设二维图像用 $f(x, y)$ 表示，灰度级为 L，那么我们定义灰度共生矩阵为 $[P(i, j, d, \theta)]$，它表示从灰度为 i 像素点出发，在间隔为 $d=(d_x, d_y)$ 的点出现灰度为 j 的像素的个数。其中 $i, j=0, 1, \cdots, L-1$，θ 一般取 $0°$，$45°$，$90°$，$135°$分别对应 $d=(d_x=1, d_y=0)$、$d=(d_x=1, d_y=-1)$、$d=(d_x=0, d_y=-1)$、$d=(d_x=-1, d_y=-1)$。基于 GLCM 的二阶纹理特征，即是对图像进行一次统计得到其对应的灰度共生矩阵 $[P(i, j, d, \theta)]$，然后在此基础上计算其二次统计量作为图像的纹理特征。Haralick 最早提出 28 种灰度共生矩阵的二次统计量对纹理进行定性描述[13]。本章针对卫星云图的特性，仅挑选了 $0°$方向上的二阶矩、对比度、相关性、熵 4 种二次统计量，形成 4 维的 GLCM 纹理特征向量，用于积雨云的检测。

5. Gabor 小波高频特征

基于小波变换的特征提取法[14]，旨在通过对原始空间图像进行频域变换而挖掘图像有用的高低频信息。Gabor 小波即是采用 Gabor 函数作为母函数的小波变换法。假设二维图像用 $f(x,y)$ 表示，则其离散 Gabor 小波变换表示为

$$I(x,y) = \sum_s \sum_t f(x-s,y-t) g_{m,n}^*(s,t) \tag{6.1}$$

式中，$g_{m,n}^*(s,t)$ 为 Gabor 小波函数的共轭，s 和 t 为滤波掩模尺寸变量，m 和 n 则为小波变换尺度与方向，而 $I(x,y)$ 为 Gabor 小波变换输出系数。

本章利用 Gabor 小波变换对云图进行 3 尺度 3 方向的分解，利用得到的 9 个高频信息直接进行单独重构，将重构得到的高频图像对应点作为特征构成 9 维特征向量用于积雨云检测。

6.3　决　策　融　合

如上所述，本章通过 5 种不同方法提取了目标云图 5 类共 25 个特征用于积雨云检测，在实际云图分析时，我们可将这 25 个特征规范化后共同组成特征向量来训练学习机器。虽然从直观上讲由于参考了更多的特征而反映了云类间的本质区别，从而可以增加云分类识别准确率，但实验结果表明，由于纳入特征维数过高，造成了"过拟合"现象，在卫星云图的积雨云检测中并没有取得预期的效果。因此，本章依次利用 5 类特征训练 5 个 FSVM，通过加权系数决策融合法对 5 个 FSVM 输出进行融合，最终"集思广益"得到积雨云检测结果。

6.3.1　模糊支持向量机(FSVM)及其输出模糊概率的拟合

本章选用 FSVM 作为积雨云检测分类器，针对 5 类特征中的每类特征，各训练一个 FSVM 用于后续的检测。基于统计学习 VC(vapnik-chervonenkis dimension)维理论的 SVM 具有结构风险最小化的特性，在解决非线性、小样本、高维数的模式识别问题中表现突出，应用广泛。但对于传统 SVM，训练集中各个样本的重要性一样，不具备处理模糊信息的能力，不善于表达云图所具有的模糊、不均匀、云型复杂多变等特点。FSVM 通过引入模糊隶属度 μ_i，对不同的样本 x_i 采用不同的权重系数，可以减少甚至忽略非重要样本和噪声对分类面的影响，以实现对模糊信息的处理。虽然 FSVM 较好地解决了输入样本的不确定性问题，然而对于输出类别的判定却仍然采用传统 SVM 的 sign 函数，即样本属于或者不属于的情况。而云图往往表现出模糊不确定性，这就导致一些样本不能准确判断其类别，同时，只考虑两种极端情况也不适合于后续的决策融合。因

此，本章引入输出模糊，将传统 SVM 的输出变换为概率输出形式。SVM 的输出为

$$y = \text{sgn}(f(x)) = \text{sgn}\{(w^{\text{T}} \cdot x) + b\} \tag{6.2}$$

对 w 和 b 进行归一化，即利用 $w/\|w\|$ 与 $b/\|w\|$ 代替原 w 和 b，此时任意样本到分类超平面的距离就可以写成

$$d_x = \frac{f(x)}{\|w\|} \tag{6.3}$$

而支持向量到分类超平面的距离为

$$d_{sv} = \frac{1}{\|w\|} \tag{6.4}$$

由式(6.3)、式(6.4)可知，$f(x)$ 恰为 d_x 与 d_{sv} 的比，因而可以对 $f(x)$ 进行模糊概率拟合，将其输出变换为概率输出形式。本章利用 Sigmoid 函数对 SVM 输出进行直接拟合，将输出形式变为

$$P(y = 1 \,|\, f(x)) = \frac{1}{1 + e^{Af(x)+B}} \tag{6.5}$$

$$P(y = -1 \,|\, f(x)) = 1 - P(y = 1 \,|\, f(x)) \tag{6.6}$$

其中，A 和 B 为 Sigmoid 函数的形态参数，实验仿真时采用网格寻优法确定其具体数值。后验概率 $P(y=1 \,|\, f(x))$ 表示某样本属于正类的概率，这样在对样本进行类别测试时更接近于实际情况。

6.3.2　加权系数决策融合

决策融合可以简单地理解为，对同一样本利用多个分类器进行判别，然后根据多个判别结果进行统计决策最终判别结果。由于传统的"最大票数"法只适用于分类器个数为奇数的情形，因此本章引入后验概率并结合权重系数，构造出一种适用于任意个分类器的决策融合法，用于对多个 FSVM 子分类器的输出进行融合，得到最终的积雨云检测结果。Louisa Lam 等[15,16]已证明：当单个子分类器结果的准确率都大于 0.5 时，随着子分类器个数的逐渐增加，决策融合后的准确率将趋近于 1；当单个子分类器结果准确率都小于 0.5 时，随着子分类器个数的增加，决策融合后的准确率将趋近于 0；当单个子分类器结果准确率等于 0.5 时，决策融合结果约等于 0.5。因此，只要设计合理并保证每个 FSVM 子分类器正确率均在 0.5 以上，最终决策融合的积雨云检测结果将有进一步的提高。

由于不同特征在分类识别中表现出的识别率，也即反映目标本质的程度不尽相同，不同的特征可能对特定的目标具有高识别率，但对其他目标的识别能力可

能不尽如人意。比如在积雨云检测中，光谱特征因为直接反映了云顶亮温而具有较强的识别率，虽然积雨云蕴含的纹理特征与背景云类有所不同，但其识别结果的可信度相较于光谱特征仍有一定的差距。如果将基于不同类特征所训练的 FSVM 的输出结果同等看待，从而决定最终的识别结果，就没有发挥决策融合优势。基于此，本章对 5 类特征所训练的 5 组 FSVM 子分类器的输出结果，在决策融合中赋予不同的"话语权"。6.3.1 节已经对 5 组 FSVM 的输出结果进行了后验概率拟合，假设有 n 个训练样本 $\{x_1, x_2, \cdots, x_n\}$，其对应类标为 $\{y_1, y_2, \cdots, y_n\}$，子分类器个数为 k(本书 $k=5$)，具体的决策加权融合算法如下：

Step 1：每组 FSVM 输出权重系数的初始化，

$$w_s = \frac{1}{k}, \quad s = 1, \cdots, k \tag{6.7}$$

Step 2：对于每个样本 $x_j(j=1, 2, \cdots, n)$，根据每个子分类器输出的对应类别的后验概率，计算输出加权累加值：

$$u_i = \sum_{s=1}^{k} w_s P_{si} \tag{6.8}$$

$$U_j = \{u_i \mid i = 1, 2, \cdots, c\} \tag{6.9}$$

其中，P_{si} 表示第 s 个子分类器输出结果属于第 i 类的后验概率大小，c 为类别个数(在积雨云检测时，$c=2$)。

Step 3：确定具有最大概率的 U 所对应的类别，作为融合判别结果：

$$Y_j = \max(U_j) \tag{6.10}$$

Step 4：自适应迭代更新权重系数 w_s。将决策融合判别结果与每个子分类器的判别结果进行比较，将判别错误的 l 个子分类器对应的权重系数自减标量 ε，同时将每个子分类器输出的加权后验概率 P_{si} 按大小重新排列，对前 l 个子分类器对应权重系数自增 ε，以保证 $\sum w_s = 1$。返回 Step 2，直到决策融合输出与期望输出类标的平方误差累加值小于 θ，或者所有样本均遍历完成，此时就可将训练好的各组 FSVM 子分类器及决策加权系数用于实测云图的分析处理。

6.4　实验及结果分析

实验数据取自 FY2-D 卫星 2012 年 5～9 月的云图，通过参考气象专家的意见，选取若干积雨云及背景样本，并提取样本的多通道光谱特征、通道亮温差特征、一阶灰度直方图纹理特征、GLCM 纹理特征以及 Gabor 小波高频特征共 5 类，如表 6.1 所示。

表 6.1　样本个数及每类特征维数 s

类别	样本个数	光谱特征	亮温差	一阶纹理	GLCM	Gabor 小波特征
积雨云	600	4	2	6	4	9
背景	1200	4	2	6	4	9

取其中积雨云样本 200 个，背景样本 400 个，选用高斯径向基核函数，分别利用 5 类特征训练 5 个 FSVM 子分类器。利用训练好的 5 个 FSVM，另外随机选取 200 个积雨云、400 个背景样本组成测试样本集进行测试，其正确率及错分样本个数如表 6.2 所示。

表 6.2　采用不同特征 FSVM 子分类器测试样本的错分个数及分类正确率

	光谱特征	亮温差	一阶纹理	GLCM	小波特征
错分个数(积雨云错分为背景/背景错分为积雨云)	40(21/19)	44(32/12)	56(22/34)	150(74/76)	202(98/104)
正确率/%	93.33	92.67	90.67	75.00	66.33

由表 6.2 可知，对于光谱特征及量温差特征，错分样本中积雨云错分为背景的数目大于背景错分为积雨云的数目，而对于一阶纹理、GLCM 及小波特征则相反，且 5 组 FSVM 子分类器对测试样本的分类正确率均在 50% 以上，符合 Louisa Lam 等的论证，因此对 5 组 FSVM 子分类器的结果进行加权决策融合，将有助于提高积雨云检测的准确率。我们对每个 FSVM 的输出进行模糊概率的拟合，其中 Sigmoid 函数形态参数 A 和 B 采用网格寻优确定为 $A = -1.2$，$B = 0.2$，对每组 FSVM 的输出权重系数按 3.2 节的方法进行迭代确定，自减标量 ε 取 0.002，针对包含 200 个积雨云，400 个背景的测试样本集，最终的预测结果如表 6.3 所示。

表 6.3　各子分类器的权重及最终决策融合分类正确率

	光谱特征	亮温差	一阶纹理	GLCM	小波特征
权重系数	0.2180	0.2620	0.3100	0.1260	0.0840
错分个数(积雨云错分为背景/背景错分为积雨云)	20(11/9)				
正确率/%	96.67				

可以看出，通过迭代，不同的子分类器在决定最后输出结果时有不同的权重，反映了不同类别的特征对积雨云不同的检测能力，通过决策融合，错分样本

数仅有 20 个，最终的分类准确率优于各 FSVM 子分类器。为了进一步表明本章所提出的决策融合方法的优越性，我们训练了一个包含所有输入特征的单 FSVM 分类器，并对其性能进行了测试，发现对于同样的测试样本集，错分样本数为 35(其中积雨云错分为背景及背景错分为积雨云的样本数分别为 8 与 27)，分类正确率为 94.2%，低于本书方法的分类正确率。从计算性能上看，当算法运行于 Window XP(Intel(R)Pentium CPU G2030 @3.0GHz)，2G 内存的电脑上时，为了训练 5 个 FSVM 子分类器，采用光谱、亮温差、一阶纹理、GLCM、小波特征时，各子分类器所需的训练时间分别为 75.20s、60.88s、80.26s、73.11s、87.48s，而实现各子分类器的决策融合，额外耗时为 50.20s。可以看出，虽然为了构造本书所提出的决策融合 FSVM，总的时间消耗达到了 427.13s，但由于训练过程并不要求实时性，且利用训练好的 FSVM 进行预测时，算法能在 0.5s 内完成，因此训练过程的时间消耗并不影响本章算法的实际应用价值。

　　为了测试本章方法在积雨云检测中的实际应用能力，我们选取 FY-2D 卫星 2012 年 8 月 4 日某时次的云图，截取云图中包含积雨云的区块进行试验。图 6.1 (a)为原始 IR1 通道云图，图 6.1(b)为专家标注结果，图 6.1(c)为本书方法的检测结果，而图 6.1(d)为将全部 25 维特征训练一个单一的 FSVM 分类器所得的检测结果。

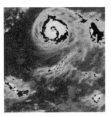

　　(a)源图像　　　　　(b)专家标注结果　　　　(c)本书方法检测结果　　　(d)单 FSVM 的结果

图 6.1　实测云图积雨云检测结果

　　由图 6.1 可以看出，本章方法的积雨云检测结果与专家标注结果非常接近，而采用全部 25 维特征所训练的单一 FSVM 的检测结果却存在着严重的漏检及误检现象，这进一步印证了传统 FSVM 由于特征维数过高所造成的"过拟合"现象，从而在实际云图处理时表现出泛化能力较差的缺点。而本章结合模糊不确定性理论与机器学习法，根据卫星云图不同特征对积雨云不同的鉴别能力，构造多个 FSVM 对云图进行分类识别，通过拟合输出模糊概率，采用多特征决策加权融合法得到最终的检测结果，这不仅解决了"过拟合"与准确率之间的矛盾，而且平衡了不同特征在分类识别中的作用，取得了较好的积雨云检测结果。

6.5　本　章　小　结

气象卫星云图具有模糊性，对其准确分类识别难度较大。FSVM算法通过输入模糊隶属度解决了输入样本的不确定性，但并未涉及输出类别的不确定性。本章针对云图的不同特征在积雨云检测中能力的不同，并针对不同类的特征训练多个FSVM子分类器，通过引入输出模糊隶属度，并采用对多个子分类器进行加权决策融合的方法，实现了对传统FSVM的优化。实验表明，本章方法不仅解决了"过拟合"与预测准确率之间的矛盾，而且也能自适应地确定不同特征的权重，从而极大地提升了积雨云检测的准确率，这不仅为强对流云团的识别提供了一种可靠的方法，而且为卫星云图的自动分类识别的提供了一种新思路。

参 考 文 献

[1] Liu C C, Shyu T Y, Chao C C, et al. Analysis on typhoon longwang intensity changes over the ocean via satellite data. Journal of Marine Science and Technology 2009，17：23-28.

[2] Thomas F, Remy R. An algorithm for the detection and tracking of tropical mesoscale convective systems using infrared images from geostationary satellite. IEEE Transactions on Geoscience and Remote Sensing, 2013，7(51)：4302-4315.

[3] 刘延安，魏鸣，高炜，等. FY-2 红外云图中强对流云团的短时自动预报算法. 遥感学报，2012，16(1)：86-92.

[4] 谭熊，余旭初，张鹏强，等. 基于多核支持向量机的高光谱影像非线性混合像元分解. 光学精密工程，2014，22(7)：1912-1920.

[5] 周涛，陆惠玲，陈志强，等. 基于两阶段集成 SVM 的前列腺肿瘤识别. 光学精密工程，2013，21(8)：2137-2145.

[6] Hong G, Heygster G, Kunzi K. Intercomparison of deep convective cloud fractions from passive infrared and microwave radiance measurements. IEEE Trans Geosci Remote Sens，2005，2(1)：18-22.

[7] 朱平，李生辰，王振会，肖建设. 青藏高原东部暴雨云团局地强降水响应特征. 遥感学报，2014，18(2)：405-431.

[8] Ding H, Wei Y, Jianqi R, et al. Cloud type classification algorithm for CloudSat satellite based on support vector machine. Transactions of Atmospheric Sciences 2011，34：583-591.

[9] Mecikalski J R, Bedka K M. Forecasting convective initiation by monitoring the evolution of moving cumulus in daytime GOES imagery. American Meteorological Society，2006，134：49-78.

[10] ZThomas F, Remy R. Composite life cycle of tropical mesoscale convective systems from geostationary and low earth orbit satellite observations：method and sampling considerations. Quarterly Journal of the Royal Meteorological Society，2013，4(139)：941-953.

[11] 凌剑勇，何昕，李一芒，等. 融合纹理特征与深度信息的足迹自动比对算法. 光学精密工程，2014，

22(7)：1946-1954.

[12] 王勇，杨公训，路迈西，等. 煤泥浮选泡沫图像灰度直方图及其统计纹理特征研究. 选煤技术，2006，(1)：13-16.

[13] Haralick R M，Shanmugam K，Dinstein I. Textual features for image classification. IEEE Transactions on Systems Man and Cybernetics，1973，3(6)：610-621.

[14] 张刚，马宗民. 一种采用 Gabor 小波的纹理特征提取法. 中国图像图形学报，2010，15(2)：247-254.

[15] 刘三民，王彩霞，孙知信. 一种基于 SVM 后验概率的网络流量识别方法. 计算机工程，2012，38(17)：171-173.

[16] Lam L，Suen S Y. Application of majority voting to pattern recognition：an analysis of its behavior and performance. IEEE Trans on systems，man，and cybernetics，1997，27(5)：553-568.

第7章　面向卫星云图云类识别的自适应模糊支持向量机

7.1　引　　言

针对卫星云图易受噪声干扰且不同云系往往相互交叠的特点，本章构造一种面向云类识别的自适应模糊支持向量机。首先针对传统 FSVM 的隶属度函数难于正确反映样本分布特性的问题，通过设定控制隶属度衰减趋势和临界隶属度的参数，重新定义了隶属度函数，使隶属度能根据不同云系样本的具体分布特性自适应调整，解决了传统模糊支持向量机的隶属度函数难以反映样本分布的问题；然后通过提取云图可见光通道的反照率、红外通道的亮温及三种亮温差作为云图的光谱特征，并结合统计纹理特征，实现了一种具有较强稳定性和自适应性卫星云图的云类识别方法。

7.2　基于支持向量机的卫星云图云类识别研究现状

近年来，基于学习的方法在卫星云图云类识别中得到了广泛应用，典型的方法包括利用神经网络[1]及支持向量机(SVM)[2,3]的方法。Barnali 等[1]将神经网络与模糊推理结合实现对流云检测；Chethan 等[2]运用多尺度方法分析天气系统，通过支持向量机方法提高云系分类效果。一般来说，神经网络以经验风险最小化为基本准则，需要大量的训练样本集，而且其在学习过程中无法控制模型的复杂性；SVM作为一种建立在结构风险最小化基础上的分类方法，对小样本、非线性及高维情况有很大优势，然而经典 SVM 在处理含有噪声、边界模糊及区域不均匀的样本时能力较差，而卫星云图由于在数据获取时受大气湍流等因素的影响，造成了图像的不均匀性及存在噪声污染、云系边缘相互重叠、云系之间相互演变等情况，恰好具有诸多模糊不确定情况；模糊支持向量机(fuzzy support vector machine，FSVM)通过引入隶属度函数来表示各样本属于不同类别的可能性，可以实现对模糊信息的处理，在卫星云图处理中得到了初步应用[4,5]，第 6 章已经给出了一种基于 FSVM 的积雨云检测方法。由于模糊隶属度函数是决定 FSVM 性能的关键，因此隶属度函数的构建引起了学者的关注；原始 FSVM 将隶属度看成样本到类中心距离的线性函数[6]；后人有将隶属度与距离的关系视为 S 型函数，更好地反映了隶属度与样本分布的关系。然而这两种方法均未实现噪声和野值等模糊样本的有效区分。文献[5]、[7] 通过分析样本之间的关系，提出了一种基于紧密度的模糊隶属度确定方法，该方法运用最小超球来区分有效样本及野值、噪声等非有效样本，但由于隶属度函数的形式及临界隶属度都是固定的，并不能很好地反映不同样本间的差异，致使隶属度函数灵活性较低。本章分析了不同样本的分布特性，通过设定控制隶属度衰减趋势及临界隶属度的参数，重新定义了隶属度函数，构造出一种自适应模糊支持向量机(adaptive fuzzy support vector machine，AFSVM)，并通过实验验证了其对于卫星云图云类识别的适用性。

7.3　卫星云图云分类体系及特征提取

　　云是悬浮在大气中的小水滴、冰晶微粒或者两者组成的可见聚合体，底部不接触地面，并有一定厚度。根据常见云底高度，国际通常将云系分为高云(包括卷云、卷层云和卷积云)、中云(包括高积云、高层云)、低云(包括积云、积雨云、层积云、层云和雨层云)三族[1]。由于云总处于不同的演变过程，因地、因季节不同而有多种不同的变化形态，加之卫星成像技术的局限性，所获云图中单个像元往往是不同云类和不同地物集群在特定成像时间的光谱特征与空间分布特征的综合反映，因此目前的云分类标准并不唯一。其中，积雨云云顶可以延伸至中云甚至高云的范围，在卫星图像上通常表现为几个雷暴单体的集合，其出现往往伴随雷电、阵雨甚至台风等自然灾害。所以，将积雨云作为直展云进行单独分类对气象服务具有重要意义。鉴于以上分析，参照国际分类方法以及气象业务的具体需求，本章将云图分类体系划分为 5 大类：晴空区、低云、中云、高云以及直展云。

　　本章主要以 MTSAT 云图为研究对象。MTSAT 卫星扫描辐射仪包括 5 个通道：可见光通道(VIS，$0.55 \sim 0.90\,\mu m$)、两个红外分裂窗通道(IR1，$10.3 \sim 11.3\,\mu m$；IR2，$11.5 \sim 12.5\,\mu m$)、水汽通道(IR3，$6.5 \sim 7.0\,\mu m$)及短波红外窗通道(IR4，$3.5 \sim 4.0\,\mu m$)。其中 VIS 通道分辨率高达 1km，其他 4 个红外通道分辨率为 4km，5 个通道数据的量化等级均增加至 10bit。不同的通道所获云图具有不同的特点。可见光云图是太阳辐射经地气系统反射后到达卫星所得到的图像,光谱响应的分布比较均匀,可用于区分海洋、陆地和云,但卷云等薄云反照率较低,在该通道云图中通常模糊不清,但在红外图像中清晰可见。红外图像主要决定于目标物发出的辐射,云的观测值在两个红外分裂窗通道中具有很强的相关性,云体的灰度响应范围最大,与其他目标物分离较明显。但由于低云的温度特征与其下垫面的地表背景相似,在红外图像中很难识别该类云,而在可见光图像中则相对容易检测出来。水汽通道由于水汽的强烈吸收,地面辐射很难到达传感器,其可以有效检测高云。此外,通道亮温差可进一步发掘云系间的不同特性,例如,IR1-IR2 主要体现卷云与积雨云的特征,IR1-IR3、IR2-IR3 可进一步体现不同大气层高度的云特征[8]。综合利用高量化等级、多通道以及通道差的卫星云图数据,可以有效提高云系分类识别的准确率。

由于不同云形成时的大气环流、云内气流、水汽含量等条件存在差异,致使云的形态、密度、云顶高度等物理特性千姿百态,在云图中表现出纹理的多样性。在视觉上,云的纹理分为粗糙与平滑、平整与起伏、规则与杂乱等多种情况。积云边界不整、纹理起伏;卷云纹理呈纤维状,分布均匀,梯度流向变化不大;层云光滑均匀,云顶高度和厚度相差很小。纹理特征提取的关键是能够提取最能体现纹理属性的特征。从纹理类型上看,卫星云图的纹理属于自然纹理,具有随机性和多样性。基于统计的方法对随机性的自然纹理具有更好的效果。局部二元模式(local binary patter,LBP)凭借其低复杂度、光照不变性等优点,广泛用于图像处理中,但对含噪图像处理能力有限。三模块局部二元模式(three-patch local binary patter,TPLBP)[9]克服 LBP 无法进行大尺度范围纹理特征计算的缺陷,考虑半径 r 圆形邻域模块 LBP 间的相互关系,降低噪声的影响。针对云图数据含噪、不均匀、纹理细微多变的特点,同时考虑 VIS 通道云图受时间限制,本章利用 TPLBP 提取 IR1 云图亮温信息的纹理特征,具体步骤为:

(1)对 IR1 通道云图的亮温数据进行 TPLBP 变换,得到二维码图。

(2)统计所得码图的 6 维直方图特征(均值、标准偏差、平滑度、三阶矩、一致性、熵)[10]作为 6 维纹理特征。

本章结合光谱特征(5 维亮温特征+3 维亮温差特征)与纹理特征(6 维),进行云类识别。

7.4　自适应模糊支持向量机

第 2 章已经介绍了基于紧密度的支持向量机,它运用支持向量数据描述

(support vector data description，SVDD)[11]确定包围有效样本的最小超球半径 R，并用 R 来度量样本集的紧密度，构造了式(2.4)所示的隶属度函数。可以看出，当样本到类中心的距离小于 R 时为球内样本，说明这些样本属于有效样本的可能性大，用式(2.4)的上段计算这些样本的隶属度，赋予较大的值(大于0.4)；反之，当样本到类中心的距离大于 R 时为球外样本，说明这些样本属于非有效样本的可能性大，则用式(2.4)的下段计算这些样本的隶属度。由于对球内、外的样本应用不同的隶属度计算公式，能较好地区分有效样本与非有效样本，从而减小噪声和野值的隶属度，降低其对分类面的影响。图7.1给出了对应于不同的最小超球半径 R，按式(2.4)所确定的隶属度函数曲线。

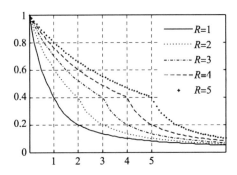

图7.1　不同最小超球半径 R 所对应的隶属度函数曲线

　　由图7.1可知，通过对超球内、外的样本运用不同的隶属度计算公式，可以找到超球内、外样本隶属度的分界点(即临界隶属度 $\mu_i = 0.4$ 时)。而不同最小超球半径 R 的样本集，其超球内外样本具有不同的隶属度变化特性，随着 R 增加，超球外样本的隶属度(5条曲线的 $\mu_i < 0.4$ 部分)衰减速度不断加快，超球内样本的隶属度(5条曲线 $\mu_i > 0.4$ 部分)衰减速度不断减缓；且当 R 较小时($R < 3$)，超球外样本的隶属度变化趋势比超球内样本平缓。具体到卫星云图云类识别，本章提取了多个光谱特征及纹理特征共同组成特征向量，由于光谱特征与纹理特征的量纲差别很大，为了防止某一维或某几维特征对数据影响过大，要进行归一化处理。经过测算，归一化处理后不同的云类样本所确定的最小超球半径 R 均小于3，而实际上，我们往往将超球内、外的样本分别看成有效样本与非有效样本。为了实现有效样本与非有效样本在 FSVM 训练中的不同重要性，应尽量保持有效样本的隶属度，减小非有效样本的隶属度，这就要求超球外样本比超球内样本具有更快的隶属度衰减速率，因此式(2.4)所定义的隶属度函数并不能很好地刻画卫星云图云类样本的分布特性，从而会影响模糊支持向量机的云类识别性能。此外，由式(2.4)和图7.1也可以看出，各样本集的临界隶属度均固定为0.4，而事实上不同的样本集具有不同的分布特性，因此理想的方法应该是根据样本的分

布特性及超球半径 R，自适应地调整临界隶属度。下面我们将通过设定控制隶属度衰减趋势和临界隶属度的参数，重新定义隶属度函数，构造出一种适用于卫星云图云类识别的自适应模糊支持向量机。

7.4.1　自适应模糊隶属度函数的设计

如前所述，基于紧密度的模糊支持向量机难于卫星云图样本数据往往含有噪声与野值的特性，为了使隶属度的变化趋势更加适合处理卫星云图，我们设定了控制隶属度衰减趋势的参数 $\sigma_I(0<\sigma_I<1)$ 和 $\sigma_o(\sigma_o>1)$，用于控制超球内、外样本的隶属度衰减速度，同时设定了临界隶属度 $\mu^{\#}(0<\mu^{\#}\leqslant1)$，定义了如下式所示的隶属度函数：

$$\mu_i = \begin{cases} (1-\mu^{\#})\times(1-\dfrac{d(\boldsymbol{x}_i)}{R})\sigma_I + \mu^{\#}, & d(\boldsymbol{x}_i)\leqslant R \\ \mu^{\#}\times\left(\dfrac{1}{1+(d(\boldsymbol{x}_i)-R)}\right)\sigma_o, & d(\boldsymbol{x}_i)>R \end{cases} \tag{7.1}$$

为了分析式(7.1)所表示的样本隶属度的变化趋势，取 $\sigma_I=0.5$、$\sigma_o=10$、$\mu^{\#}=0.4$ 得到了如图 7.2 所示的隶属度函数曲线。可以看出，该隶属度函数不仅可以通过确定最小超球获得有效样本与非有效样本的分界，而且函数曲线呈 S 型，具有 S 型隶属度函数的长处，有效样本衰减速度慢，非有效样本衰减速度快，从而使隶属度变化更加合理。

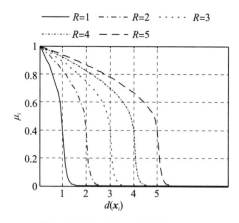

图 7.2　式(7.1)所示隶属度函数在不同超球半径 R 时的函数曲线

7.4.2　确定自适应参数

根据式(7.1)确定样本隶属度时，涉及三个参数 σ_I、$\sigma_o(\sigma_o>1)$ 和 $\mu^{\#}$，这三

个参数虽可以通过实验获得经验值，但如果能根据实际样本的分布特性自适应确定，则将使所构造的 FSVM 具有自适应性，这三个参数的自适应确定方法如下。

1. 球内样本隶属度变化率参数 σ_1

如果 2 类样本的分布分别如图 7.3(a) 或图 7.3(b) 所示，对于球内样本 x，它们到各自类中心的距离相等，这两种情况下，如果用相同的隶属度变化参数 σ_1 来规定隶属度的变化趋势，则两者属于各自类的隶属度相同。然而，从图中可以看出，图 7.3(b) 中样本的整体分布比图 7.3(a) 更靠近球面，因此图 7.3(b) 中样本 x 属于所在类的隶属度应大于图 7.3(a) 中的样本 x 属于所在类的隶属度。所以在确定样本隶属度时，隶属度变化参数不能取成定值，其应该与球内样本的整体分布情况有关。球内样本的整体分布越靠近球面，则其对应的隶属度衰减越慢，σ_1 越小，反之则越大。

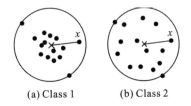

(a) Class 1　　　　(b) Class 2

图 7.3　两种不同类的球内样本分布情况

根据以上分析，我们定义球内样本距类中心的平均距离为 $d_1(d_1<R)$，以此来表示球内样本的整体分布情况。d_1 越大，表示球内样本点的整体分布越接近球面。

$$d_1 = \frac{\sum d(\boldsymbol{x}_i)}{n_1}, \quad d(\boldsymbol{x}_i) \leqslant R \tag{7.2}$$

其中，n_1 表示球内样本的数目。则根据球内样本整体分布情况与隶属度变化趋势之间的关系，可以定义 σ_1 如下：

$$\sigma_1 = 1 - \frac{d_1}{R} \tag{7.3}$$

利用式 (7.3) 计算的 σ_1 来控制隶属度变化率，当设定最小超球半径为 2，临界隶属度为 0.5 时，对于不同的 d_1，球内样本隶属度 $\mu_1(i)$ 变化情况如图 7.5(a) 所示。可以看出，达到了如果球内样本的整体分布越靠近球面，则其对应的隶属度衰减越慢的设计目标。

2. 球外样本隶属度变化率参数 σ_0

与确定球内样本隶属度衰减参数相似，在图 7.4(a) 与 (b) 中，样本 x 到各自类中心的距离相等，若用相同的隶属度衰减参数 σ_o 来规定隶属度的变化趋势，而忽略球外样本的整体分布情况，则样本 x 属于各自类的隶属度相同。然而，由于图 7.4(a)中样本的整体分布比图 7.4(b)更靠近球面，因此图 7.4(a)中样本 x 属于所在类的隶属度应大于图 7.4(b)中样本 x 属于所在类的隶属度。所以，如果球外样本的整体分布越靠近球面，则这些样本属于该类的可能性越大，隶属度衰减越慢，σ_o 越小，反之则越大。

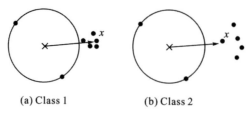

(a) Class 1　　　　　(b) Class 2

图 7.4　两种不同类的球外样本分布情况

类似地，定义球外样本点距类中心的平均距离为 $d_o(d_o > R)$，以此来表示球外样本的整体分布情况，如果 d_o 越小，则表示球外样本的整体分布越接近球面。

$$d_o = \frac{\sum d(\boldsymbol{x}_i)}{n_o}, \quad d(\boldsymbol{x}_i) > R \tag{7.4}$$

其中，n_o 表示球外样本的数目。则根据球外样本整体分布情况与隶属度变化趋势之间的关系，可定义

$$\sigma_o = \frac{d_o}{R} \times 5 \tag{7.5}$$

当设定最小超球半径为 2，临界隶属度为 0.5 时，对于不同的 d_o，球外样本的隶属度 $\mu_o(i)$ 的变化情况如图 7.5(b)所示。可以看出，也达到了如果球外样本的整体分布越靠近球面，则其对应的隶属度衰减越慢的设计目标。

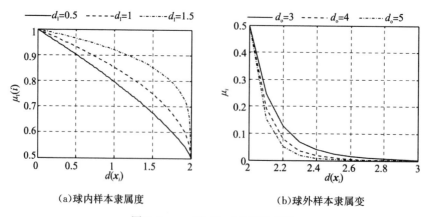

(a)球内样本隶属度　　　　　　　　(b)球外样本隶属变

图 7.5　μ_i 随 $d(\boldsymbol{x}_i)$ 的变化情况

3. 临界隶属度 $\mu^{\#}$

临界隶属度表示球内样本的最小隶属度，球外样本的最大隶属度。由图 7.4 可知，当球外样本的整体分布越靠近球面时，则这些样本属于该类的可能性越大，这客观上要求球外样本的最大隶属度应越大，即临界隶属度越大，反之则越小。由此，本书定义临界隶属度如下：

$$\mu^{\#} = \frac{R}{d_{\mathrm{o}}} \tag{7.6}$$

综合以上分析，我们重新定义了如式(7.7)所示的隶属度函数，构造出一种自适应模糊支持向量机(AFSVM)，并将其用于卫星云图的云分类处理。

$$\mu_i = \begin{cases} (1 - \dfrac{R}{d_{\mathrm{o}}}) \times \left(1 - \dfrac{d(\boldsymbol{x}_i)}{R}\right) 1 - \dfrac{d_1}{R} + \dfrac{R}{d_{\mathrm{o}}}, & d(\boldsymbol{x}_i) \leqslant R \\[3mm] \dfrac{R}{d_{\mathrm{o}}} \times \left(\dfrac{1}{1 + (d(\boldsymbol{x}_i) - R)}\right) \dfrac{d_{\mathrm{o}}}{R} \times 5, & d(\boldsymbol{x}_i) > R \end{cases} \tag{7.7}$$

7.5 云分类算法流程

首先从训练云图中提取训练样本和特征向量，组成训练样本集，然后利用式(7.7)确定各训练样本的模糊隶属度，并采用一对一方法训练多类 AFSVM 分类器，最后利用所得分类器对测试云图进行云类识别。算法具体流程如图 7.6 所示，实线表示训练过程，虚线表示测试过程。

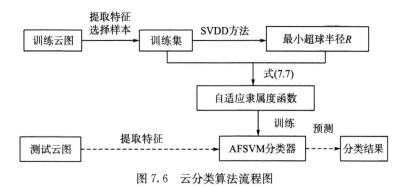

图 7.6 云分类算法流程图

7.6　实验结果及分析

　　为了验证算法的有效性，在 Matlab(R2011b)编程环境下进行仿真实验，实验平台为 Windows7，CPU：Intel(R)Core(TM)i3-2130 3.4GHz，RAM：4GB。实验采用 MTSAT 卫星 2013 年 10 月 6 日 12：30 以及 2013 年 10 月 7 日 12：30 两个时刻的 IR1～VIS 五通道兰勃特投影云图，将云图分为晴空、低云、中云、高云以及直展云 5 类。

　　实验截取大小为 512×512，覆盖我国东南沿海和太平洋部分区域的子图像作为测试图像，该区域包含两大超强台风：位于台湾地区的 23 号台风"菲特"和位于太平洋的 24 号台风"丹娜丝"。10 月 6 日的 IR1 通道云图及经气象专家标定的云系标定图分别如图 7.7(a) 和(b)所示。在标定图中，上三角形(▲)代表晴空区；圆形(●)代表低云；下三角形(▼)代表中云；十字形(✚)代表高云；矩形(■)代表直展云。

 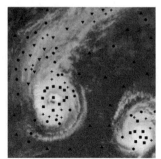

▲ 晴空
● 低云
▼ 中云
✚ 高云
■ 直展云

　　(a)IR1 通道云图　　　　　(b)专家云系标定图
图 7.7　原始 IR1 云图和标记后的云图

　　为了比较不同算法的云分类效果，首先进行了基于标准 SVM 和传统紧密度 FSVM[11] 方法的对比实验；采用径向基核函数(radial basis function，RBF)，并在 K 组交叉验证(K-fold cross validation，K-CV)意义下，利用网格划分(grid search)的方法，分别确定各种 SVM 方法的最优参数：标准 SVM(C=11.31，g=1.41)、传统紧密度 FSVM(C=8，g=1)、AFSVM 方法(C=5，g=0.1)。图 7.8 分别显示了三种 SVM 方法对 10 月 6 日云系的识别结果。

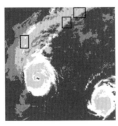
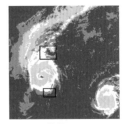
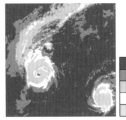

晴空		
低云		
中云		
高云		
直展云		

(a)标准 SVM　　　　　　　(b)传统 FSVM　　　　　　　(c)本书 AFSVM

图 7.8　不同方法云类识别结果

　　图 7.8 显示，各种 SVM 方法所得的分类结果在大范围上与专家标定图都有较好的对应关系，但在细节上，标准 SVM、传统 FSVM 与 AFSVM 方法相比稍逊一筹：标准 SVM 对高云和低云的识别性能较差，将"菲特"台风尾部的大量高云错分为中云(图 7.8(a)中矩形标示位置)，又将两大台风外围的大量低云错分为高云；传统 FSVM 方法利用隶属度提高了台风尾部高云的识别性能，但对台风外围的低云仍存在大量的错分现象(图 7.8(b)中矩形标记位置)；AFSVM 则对台风外围的云系也实现较好的识别，进一步提高了低云的识别性能。所以，对于云类识别，AFSVM 相较于标准 SVM 和传统 FSVM 方法具有更高的识别准确率和更优的视觉效果。

　　下面通过定量数据，进一步对 AFSVM 方法的云类识别性能进行分析。每类云系提取 200 个样本作为测试集，AFSVM 对 10 月 6 日所得的各类云系识别准确率如表 7.1 所示。

表 7.1　各种云系的识别准确率

云类型	分类结果				
	晴空	低云	中云	高云	直展云
晴空	192	8	0	0	0
低云	0	186	7	7	0
中云	0	3	168	21	8
高云	0	0	30	170	0
直展云	0	0	6	5	189
准确率/%	96.0	93.0	84.0	85.0	94.5
平均准确率	90.5%(905/1000)				

　　由表 7.1 可以看出，5 类样本的识别准确率都在 80% 以上，整体识别准确率高达 90.5%，尤其是晴空区、低云、直展云识别率分别达到 96.0%、93.0%、94.5%。准确对晴空区与有云区进行识别，为进一步的云分类奠定了坚实基础。低云中浓积云纹理褶皱不均匀，产生于不稳定的气层中；雨层云厚而均匀，两者

出现常有连续性降水；积雨云云顶最高，在可见光云图和红处云图上，色调都是最白，纹理较均匀，其出现多伴随台风、暴雨、雷电等恶劣天气。中云与高云准确率稍低一些，但也均在 80％以上，分别为 84％、85％。中云的高层云和高积云两者可相互演变；冬天，高层云的出现预示移动气旋的到达，会发生长期的降水或降雪。高云中卷云可向卷层云演化，在冬季预示有少量降雪。实现对各种云系的高识别率体现 AFSVM 在气象服务中的应用价值。

　　为了进一步说明 AFSVM 方法的优越性，分别与三种人工神经网络方法：误差反向传播网络(error back propagation，BP)、自组织映射网络(self-organizing Maps，SOM)、学习矢量量化网络(learning vector quantization，LVQ)和 4 种 SVM 方法：标准 SVM、线性 FSVM($C=8$，$g=1$)、S 型 FSVM($C=11.3137$，$g=1.414$)、紧密度 FSVM 的结果数据进行比较。表 7.2 列出 10 月 6 日各种云分类方法对不同云系的识别准确率及整体识别准确率，图 7.9 绘出了各种云分类方法云系识别准确率曲线。

表 7.2　各种云分类方法的识别准确率

分类方法	准确率/％					平均准确率/％
	晴空	低云	中云	高云	直展云	
BP	99.5	59.5	73.5	27.5	30.5	58.1
SOM	96.0	70.5	66.5	55.0	77.5	72.9
LVQ	95.5	92.0	84.5	19.5	97.0	77.7
标准 SVM	97.0	70.0	83.5	52.0	93.0	79.1
线性 FSVM	96.0	72.0	79.5	84.0	95.5	85.4
S 型 FSVM	95.5	70.5	77.5	81.0	96.0	84.1
紧密度 FSVM	96.0	76.5	85.0	79.5	95.5	86.5
本书 AFSVM	96.0	93.0	84.0	85.0	94.5	90.5

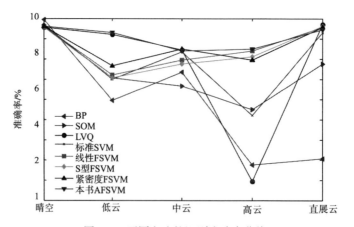

图 7.9　不同方法的识别准确率曲线

由表 7.2 和图 7.9 可以看出，各方法对晴空区都有很好的识别能力，其中
BP 网络达到最高 99.5%。但 BP 网络和 SOM 网络对其他各云系的识别效果普遍
低于各种 SVM 方法。BP 网络虽然具有实现任何复杂非线性映射的能力，但需
要设置的参数过多，参数的合理值又受到具体问题的影响，且缺乏简单有效的参
数确定方法；同时对样本依赖性强，对于代表性较差、矛盾和冗余较多的样本
集，很难达到预期的性能。SOM 网络属于一种自适应无监督分类方法。LVQ 网
络将自组织竞争思想与有监督学习相结合，对低云、中云、直展云都有较好的分
类效果，但对高云的识别能力很差，只有 19.5%。对比几种 SVM 方法，FSVM
的云类识别准确率普遍高于标准 SVM。除了中云时，线性 FSVM 和 S 型 FSVM
的云识别准确率略低于标准 SVM，可见不合理隶属度会使 FSVM 的分类性能有
所下降。5 种 SVM 方法对晴空区和直展云都有很好的分类结果。但标准 SVM 对
低云与高云分类效果较差，两类云系识别准确率分别为 70%、52%。三种传统
FSVM 方法对低云的分类效果只是略有提高，而 AFSVM 将其识别准确率提高
到 93%。对于高云，FSVM 方法均比标准 SVM 和神经网络方法有较大提高，其
中 AFSVM 达到最高为 85%，并且 AFSVM 对各类云系的整体识别准确率高达
90.5%，远高于其他 SVM 方法和神经网络方法。同时 AFSVM 对各类云系的分
类结果都比较稳定，识别准确率均为或接近最高值。综上分析，AFSVM 的云分
类识别性能优于标准 SVM、传统 FSVM 以及神经网络方法，并且对各类云系具
有更高的稳定性和适应性。

为了更好地说明 AFSVM 算法的性能，本书对运算复杂度进行分析，用求均
值的方法分别统计了标准 SVM、传统紧密度 FSVM 和本书 AFSVM 方法的训练
时间和测试时间：标准 SVM(0.104s，0.033s)、传统紧密度 FSVM(1.344s，
0.024s)、AFSVM(1.324s，0.022s)。可以看出两种 FSVM 方法均以增加训练
时间为代价，提高分类准确率。但训练阶段只在后台进行，更重要的是利用训练
好的模型去测试图像。两种 FSVM 方法的测试时间均低于标准 SVM，有利于测
试过程的进行。进一步对比两种 FSVM 方法，可以发现本书 AFSVM 虽然增加
了参数自适应环节，但通过简化模糊隶属度函数的表达式及隶属度对样本更优的
处理，降低了训练时间和测试时间，在云图的训练和测试中具有更好的应用。

7.7　本　章　小　结

针对传统 FSVM 的隶属度函数难于正确反映样本分布特性的问题，本章在
分析样本分布特性的基础上，通过设定控制隶属度衰减趋势和临界隶属度的参

数，重新定义了隶属度函数，构造出一种适用于卫星云图云分类的自适应模糊支持向量机(AFSVM)，并结合光谱特征与纹理特征，对 MTSAT 卫星数据，运用 AFSVM 方法进行云类识别实验。实验结果表明，本书方法具有良好的云系识别性能，云分类效果明显优于传统方法，且对不同云系具有更好的稳定性和适应性。

参 考 文 献

[1] Barnali G, Gupinath B, Sanjay G. Fuzzy Min-Max Neural Network for Satellite Infrared Image Clustering. 2012 Third International Conference on EA IT, Kolkata, 2012.

[2] Chethan H K, Raghavendra R, Hemantha K G. Texture based Approach for Cloud Classification Using SVM. 2009 International Conference on Advances in Recent Technologies in Communication and Computing, Kerala, 2009.

[3] 陈刚，鄂栋臣. 基于纹理分析和支持向量机的极地冰雪覆盖区的云层检测. 武汉大学学报(信息科学版)，2006，31(5)：403-406.

[4] Jiang X, Yi Z, Lv J C. Fuzzy SVM with a new fuzzy membership function. Neural Comput & Applic, 2006, (15)：268-276.

[5] 张学工. 模式识别. 北京：清华大学出版社，2010：92.

[6] 张翔，肖小玲，徐光祐. 基于样本之间紧密度的模糊支持向量机方法. 软件学报，2006，17(5)：951-958.

[7] Xiao X L, Zhang X. An improved fuzzy support vector machine. 2009 International Symposium on Intelligent Ubiquitous Computing and Education, Chengdu, Chins, 2009.

[8] Liu Y, Xia J, Shi C X, et al. An improved cloud classification algorithm for China's FY-2C multi-channel images using artificial neural network. Sensors, 2009, 9：5558-5579.

[9] Lior W, Tal H, Yaniv T. Descriptor based methods in the wild. Workshop on faces in' Real-Life' images：detection, alignment, and recognition, 2008, 10：12-18.

[10] Salim L, Mounir B. Comparison of ANFIS and SVM for theclassification of brain MRI pathologies. 2011 IEEE 54th International Midwest Symposium on Circuits and Systems, Seoul, 2011.

[11] An W J, Liang M. Fuzzy support vector machine based on within-class scatter for classification problems with outliers or noises. Neurocomputing, 2013, 110：101-110.

第8章 基于稀疏表示的卫星云图检索

由于不同类型的云往往对应着不同的天气信息，若两幅云图的视觉特征相似，那么两幅云图所对应的天气发展过程也极有可能相似，因此如果能在历史云图数据库中找到与该云系信息相似的云图，则通过分析历史上某一时刻的天气状况及其发展趋势，就有可能为当前的天气预报提供辅助信息。同时，有一些天气状况，特别是灾难性天气，在其发展初期天气特征并不明朗，传统的计算机自动云图分析方法很难实现准确的天气预报工作，若能在宝贵的气象卫星历史资料中找到相似的云图信息，就可以及时提供灾害预警信息[1-4]。同时，随着气象卫星技术的发展，各资料接收站每天能够接收到海量的云图数据，针对这些海量数据设计高效的云图检索系统成为困扰气象工作者的难题[5]。本章从卫星云图的本质特性出发，将稀疏表示思想引入卫星云图特征提取及检索算法设计，实现了一套卫星云图检索系统，可以为天气预报、气象灾害检测、气候分析等提供关键技术保障。

8.1 适应于云图检索的特征提取及云图检索评价准则

基于内容的云图检索系统是由传统的基于内容的图像检索(CBIR)发展而来的，其框架体系与CBIR类似，为实现较好的云图检索效果，需要充分结合云图自身特点，设计适用于卫星云图检索的特征提取算法。

卫星云图作为一类特殊图像数据，有其自身特点。如云的形状多种多样，变化也比较复杂，各类云系有其自身特点，在形状方面具有较强的区分度；此外，在云图纹理上，各云系在细节纹理上具有较大差异，同时灰度作为物体表面的视觉特征，一直是图像检索的首选特征。因此，本章设计的基于稀疏表示的卫星云图检索系统主要根据图像视觉属性(灰度、形状、纹理信息)建立图像特征库。

8.1.1　云图灰度特征提取

灰度特征作为图像的一种重要视觉特征，直观反映为图像颜色，与人体视觉感官最为接近，也是组成图像内容的基本要素，在图像处理中得到了广泛应用。灰度特征具有许多优良的特性，如低计算复杂度、良好的稳定性及旋转鲁棒性等。有多种适用于图像检索的灰度特征，主要有以下几类。

1.　颜色直方图

颜色直方图最早是 Swain 和 Ballard 在 20 世纪提出的方法[6]，该算法计算简单，易于理解，在颜色特征提取中应用也最为广泛。颜色直方图可以反映图像颜色组成分布，通过计算不同颜色值像素总数在整幅图像像素的比例，可较好地描述图像的颜色统计特征。颜色直方图计算等式如下：

$$H(i) = \frac{n_i}{N}, \quad i = 0,1,2,\cdots,L-1 \tag{8.1}$$

其中，n_i 表示亮度为 i 的像素个数，$H(i)$ 表示亮度为 i 的像素个数占整幅图像像素个数 N 的比重。通过统计整幅图像的颜色直方图特征并存入数据库，建立大型的图像特征数据库。颜色直方图方法具有较好的旋转、缩放不变性，但是也存在一些局限性，如不同内容的两幅图像，若颜色分布一致，则颜色直方图可能类似，导致检索失误，需要其他特征辅助。

2.　颜色矩

针对颜色直方图中，特征值可能有较多的不足，Stricker 和 Orengo 在 1995 年提出了颜色矩表示法[7]。颜色矩相对于颜色直方图维度较少，主要通过统计颜色一阶矩、二阶矩和三阶矩进行描述，即分别以平均值、方差和偏斜度进行表示，如下所示：

$$u_i = \frac{1}{n} \sum_{j=1}^{n} h_{ij} \tag{8.2}$$

$$\delta_i = \left[\frac{1}{n} \sum_{j=1}^{n} (h_{ij} - u_i)^2 \right]^{1/2} \tag{8.3}$$

$$s_i = \left[\frac{1}{n} \sum_{j=1}^{n} (h_{ij} - u_i)^3 \right]^{1/3} \tag{8.4}$$

其中，u_i、δ_i 和 s_i 分别表示颜色一阶矩、二阶矩和三阶矩，h_{ij} 表示第 i 个颜色分量(R，G，B)中某灰度 j 占整幅图像比例。颜色矩优点明显，其特征维数少，鲁棒性强,如图像存在 3 个颜色通道只含 9 个描述分量,但相对而言,存在计算量偏大的问题。

3. 颜色集

颜色集是图像处理中存在的一种二值化处理方法,由 Smith 和 Chang 提出[8],并在大规模图像检索中得到应用。其主要思想是通过设定颜色阈值,将整幅图像二值化处理,如像素灰度大于阈值取 1,小于阈值取 0,同时利用分割技术将图像分区域处理。颜色集特征提取方式有助于图像重要区域的图像,其二进制表示方法又能进一步加快运算速度。

在颜色特征的提取中除了颜色特征提取方法外,颜色空间的转换也是其重要研究内容,如三原色 RGB 空间模型、面向视觉特性 HSV 和 HSI 空间模型、三基色 CMY 空间模型等。颜色空间的转换是颜色特征提取的前提,对特征提取的效果具有重要的影响。

我们所研究的云图检索系统主要面向自建的 MTSAT 云图接收系统,云图大小为 1200×800,每像素以 10 位表示,并以灰度图像呈现。在研究过程中发现,如用灰度矩提取特征,由于特征分量相对较少,区分度不够,同时计算量偏大,影响检索效率;此外,如以颜色集二进制方法提取,不利于综合特征的利用且检索精度较低,因此综合考虑采用灰度直方图进行云图特征提取。

8.1.2 基于均匀局部二元模式的云图纹理特征提取

纹理信息作为一个重要的信息特征,可以提供图像区域平滑、稀疏和规则性等信息,在图像检索中是关键的底层信息。卫星云图纹理细节丰富,如层云纹理光滑均匀,积云纹理褶皱有斑点,卷云纹理呈纤维状,将纹理特征加入云图检索,可以极大地提高检索的准确性。鉴于卫星云图纹理细节丰富的特性,并综合考虑了当前各类纹理特征提取方式的计算复杂度、纹理特征的描述性能等,我们采用了具有良好特性的局部二元模式(local binary patterns,LBP)来描述云图纹理信息。

原始 LBP 算子是在 3×3 邻域中将外围 8 个像素与中心像素值进行比较,若不小于中心点像素则取 1,否则取 0;通过对周边像素二值化处理后,按顺时针排列成一串二进制码值,再转换为十进制数,则表示该中心点的局部二元模式编码值,如图 8.1 所示。

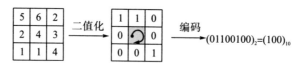

图 8.1　LBP 算子示意图

由上可知，LBP 编码本质上是在 3×3 邻域内以中心像素值作为阈值进行二值化处理，并进行加权求和，可用式(8.5)、式(8.6)描述，其中，f_c 表示中心像素值，f_i 表示邻域像素值。

$$T(x) = T(f_i - f_c) = \begin{cases} 1, & x \geqslant 0 \\ 0, & x < 0 \end{cases} \tag{8.5}$$

$$\mathrm{LBP}(f_c) = \sum_{i=0}^{7} T_i(f_i - f_c) \times 2^i \tag{8.6}$$

LBP 算子对于图像灰度变化不敏感，这在识别应用上具有极大优势，但原始 LBP 算子只限于 3×3 窗口，无法满足不同尺度的纹理特征。

随后 Ojala 等[9]在后续研究中，改进了原始 LBP 算子，采用半径为 $R(R > 1)$ 的圆形来替代方形窗口实现纹理特征提取，一个 LBP 算子会产生 2^P 种二进制模式，P 为采样点数，如图 8.2 所示。当取 $R = 2$ 时，若选择 8 个采样点，可产生 $2^8 = 256$ 种二进制模式；当取 $R = 3$ 时，有 2^{16} 种二进制模式。改进后的 LBP 算子允许在半径为 R 的圆形区域内自己设定适应的采样点数。

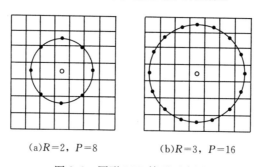

(a)$R=2$，$P=8$　　　　　(b)$R=3$，$P=16$

图 8.2　圆形 LBP 算子示意图

圆形 LBP 算子定义如下，$T = t(g_c, g_o, \cdots, g_{p-1})$，其中，$g_c$ 表示区域中心点像素值，$g_p(p = 0, 1, \cdots, q)$ 为中心点周边像素值，且等距离分布。为保证采样像素点正好为整数点，采用了双线性插值算法计算中心点周围像素点值。g_p 坐标可表示为

$$(x_p, y_p) = (x_c + R\cos(2\pi p/q), y_c + R\sin(2\pi p/q)) \tag{8.7}$$

式中(x_c, y_c)表示中心像素点坐标，局部区域纹理可通过中心像素点像素与周边像素进行联合描述，如下：

$$T = t(g_c, g_o - g_c, \cdots, g_{q-1} - g_c) \tag{8.8}$$

由上可知，若 $g_p - g_c$（$p = 0，1，\ldots，q$）各值与中心点 g_c 相互独立，则式（8.8）可近似改为

$$T \approx t(g_c) t(g_o - g_c, \cdots, g_{q-1} - g_c) \tag{8.9}$$

如上式所示，g_c 的大小变化会改变差值，会带来图像信息的缺失，但在信息缺损的可承受范围内有助于描述图像的平移不变性，同时 $t(g_c)$ 描述的图像亮度信息不能为图像纹理信息提供更具价值的信息，因此可忽略 $t(g_c)$ 的影响，改为如下：

$$T \approx t(g_o - g_c, \cdots, g_{q-1} - g_c) \tag{8.10}$$

邻域差值的联合分布具有较好的灰度平移不变性，有利于图像纹理信息的描述，当对所有的像素进行尺度变化后：

$$T \approx t(s(g_o - g_c), \cdots, s(g_{q-1} - g_c)) \tag{8.11}$$

$$s(x) = \begin{cases} 1, & x \geqslant 0 \\ 0, & x < 0 \end{cases} \tag{8.12}$$

通过上式处理可得到相应二进制数值，再对各不同位置的像素值分配 2^P 进行加权求和，可得到该区域唯一的 LBP 值，可描述如下：

$$\text{LBP}(x_c, y_c) = \sum_{i=0}^{p-1} s(g_p - g_c) \times 2^P \tag{8.13}$$

由上可以得到圆形 LBP 算子，其定义域初始的方形 LBP 基本是一致的，改进的圆形 LBP 算子中心点的邻域像素点可通过双线性插值得到，但性能更为优异。在局部二元模式的研究中，出现了两类主要的 LBP 算子。

1. 均匀局部二元模式

在圆形 LBP 算子中，随采样点数不同，二进制模式个数会有较大区别。如图 8.2 所示，当取 $R = 2$ 时，若选取 8 个采样点的采样方式，可产生 $2^8 = 256$ 种二进制模式；当取 $R = 3$ 时，则有 2^{16} 种二进制模式。由上述可知，采样点数 P 对应于 2^P 种二进制模式，二进制模式随着采样点数的增多而急剧增加。为避免特征维数过大，出现了一种改进的"均匀局部二元模式"（uniform local binary patterns，ULBP）来解决该问题。

均匀局部二元模式存在两种变化模式：均匀模式和非均匀模式。以图 3.2 $R = 2$，$P = 8$ 的圆形 LBP 为例：将形如 00000000、01111111、00111110 等跳变不超过两次的情况称为"均匀模式"；反之，形如 00010011、01010101、10010011 等跳变超过两次的情况称为"非均匀模式"。在实际图像处理中，大多数 LBP 模式最多只包含两次从 1 到 0 或从 0 到 1 的跳变，即均匀模式居多，因此

ULBP 算子只处理均匀模式，而将其他取值的二进制模式另归为 1 类。例如 $R=2$，$P=8$ 的圆形 LBP 二进制模式的数量，可以从原先 256 种减少到 59 种，可记为 ULBP_2^8。通过统计发现，通过 ULBP 算子处理得到的二进制模式种类会大大减少，可由原先的 2^P 种二进制模式减少到 $P \times (P-1) + 2$ 种。

2. 旋转不变的 LBP 算子

由 LBP 定义可知，原始 LBP 是基于灰度的，对于图像的旋转并不具有鲁棒性。由式 8.10 可知，当图像旋转后其 LBP 并不固定，为了对基本 LBP 算法进行改善，Maenpaa 等对 LBP 算法进行扩展[10]，获取了具有旋转不变性的 LBP 模式。由图 8.3 可知，当不断旋转圆形邻域时，可依次得到不同的 LBP 值，取其最小值作为该邻域的 LBP 值，便可获取具有旋转不变性的 LBP 算子，如下所示：

$$\text{LBP}_p^r = \min(\text{ROR}(\text{LBP}_p^r, i) \mid i = 0, 1, \cdots, p-1) \tag{8.14}$$

其中，$\text{ROR}(LBP_p^r, i)$ 表示对 LBP 进行旋转处理，且向右移动 i 位；LBP_p^r 表示得到的具有旋转不变的 LBP 算子。由图 8.3 可知，8 采样点的 LBP 算子，通过 LBP 旋转处理得到的最终值为 $(00001111)_2 = (15)_{10}$，即旋转不变的 LBP 模式值为 15。

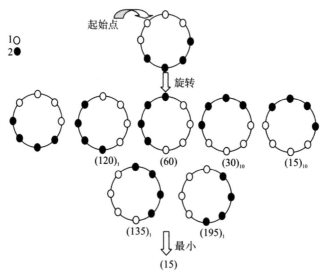

图 8.3　LBP 旋转不变示意图

为了实现数据降维，同时增强图像旋转鲁棒性，可将旋转不变的 LBP 算子与 ULBP 结合，得到一类新的更具旋转不变性的等价模式。如下所示：

$$
\mathrm{LBP}_p^{rr} = \begin{cases} \min\left(\mathrm{ROR}\left(\sum_{p=0}^{p-1} s(g_p - g_c) \times 2^p, i\right) \mid i = 0, 1, \cdots, p-1\right), & U(G_p) \leqslant 2 \\ P+1, & U(G_p) > 2 \end{cases}
$$

(8.15)

其中，$U(G_p)$ 表示 0 到 1 跳变不超过 2 次 LBP 算子，改进的等价模式不仅对数据维数进行大幅降低，更具有旋转不变性。因此，我们对云图采用改进的具有旋转不变性的均匀局部二元模式提取码图，再统计该码图各类二进制模式值的直方图，作为云图的特征。但考虑到对整幅云图直接处理鲁棒性不强的问题，采用对云图分块处理的方式，以增强特征位置信息，再对各块采用改进的均匀局部二元模式提取直方图特征，最后排为一列作为该云图的纹理特征向量。

8.1.3 云图形状特征提取

图像的形状特征尽管有别于灰度和纹理特征，却是对灰度或纹理特征的几何重现，认知心理学研究发现，形状在图像识别、检索过程中显现出来的作用比灰度和纹理更为重要。因此，本书在云图检索系统研究中也更为注重云图形状特征的提取方法，以下为几类主要的形状特征提取。

1. 基于轮廓的形状特征描述

基于轮廓的形状特征描述可细分为两类：全局方法、结构化方法。其中全局方法是根据轮廓边界信息计算特征向量，计算复杂度低，鲁棒性强，比较经典的描述方法有傅里叶描述子，小波描述子等[11,12]；而结构化方法需要对形状轮廓进行编码，如采用样条逼近、曲线分解方法进行基元的分解，特别是经典的链码、样条方法等能对形状进行较为精确的匹配，但计算复杂度较高。总体来说，限于目前轮廓形状特征描述在计算复杂度、鲁棒性能及匹配性能与实际应用的差距，效果不尽如人意，特别是在抗噪性能上有待提高，所以在一些方面限制了其应用推广。

2. 基于区域的形状特征描述

基于区域的形状特征主要通过图像分割技术，将所得区域内部像素作为整体得到的统计特征。通常统计区域面积、离心率、细长度、矩形度、矩描述等特征，这类描述特征对噪声、形变等不敏感，具有良好的稳定性，且具有抗旋转、平移不变性。其中矩描述不仅最为经典也最为重要，包含了几何矩、正交矩、复数矩和旋转矩等，出现最早的几何矩是 1962 年 HU 形状矩[13]，由于具有计算简单、良好的旋转、平移、尺度等特性，在模式识别、图像分析等领域作为一类重要特征得到广泛应用。为了改善几何矩的非正交性缺陷，1980 年，Teague 由正交多项式提出了正交矩的概念，即 Zernike 矩的出现[14]，此后在关于信息冗余和噪声敏感性等的研究中，又研究了各类形状描述矩，如旋转矩、描述矩等，各类矩算法都有其相应的优势，但计算复杂度也不相同。

云的形状多种多样，变化也较复杂，如高积云形状差异大，常以椭圆形或水波状密集云条存在，卷云一般呈现丝缕状、团簇状，台风等热带气旋常呈现巨大云团涡旋等，因此云图在形状方面具有较强的区分度，可利用云图形状特征进行相似性检索。

红外云图是利用卫星红外扫描仪对地球及大气进行扫描，由于云与地表反射的红外辐射强度不一而获取的图像。在气象学中存在着 4 类比较重要的云系：卷云、积雨云、积云和层云，通过这 4 类云可以较为准确地判断天气状况。在红外云图中，一般温度越低的物体反映出亮度越高，反之，温度越高的物体反映出亮度越低。云图中的卷云和积雨云因其距离地面高度大，属低温云系，反映出亮度也高，而层云更接近地面，温度较高，因此称为高温云系。低温云系由于红外图像上反映出的亮度更亮，因此能够较好地分离出来，而分离高温云系相对会难些。由于本书主要研究的是基于内容的云图检索，更强调需找出特殊天气以避免重大损失，因此更侧重于低温云系的分离。

一般基于轮廓的形状特征描述相对于区域信息量较少，且提取完整的轮廓信息比较困难，因此本书采用区域信息来描述云图的形状特征，这不仅能有效利用区域内所有像素，更能减少噪声等因素干扰。云图区域信息的提取首先需要将云系从云图中分割出来，红外图像中低温云系与背景对比相对较强，因此本书选择了阈值分割技术，而阈值分割中是统一阈值处理还是分区域不同阈值处理对分割效果具有重要的影响。

本章通过对云图特点和检索需求综合考虑，采用迭代阈值分割方法进行云图分割，其方法如下：

(1)选择确定初始阈值大小。

$$i_{\text{Threshold}} = \frac{\max\_value\_gray + \min\_value\_gray}{2} \tag{8.16}$$

式中，$\max\_value\_gray$ 为云图最大灰度值，$\min\_value\_gray$ 为云图灰度最小值。

(2)根据初始阈值分割云图，解析目标和背景两部分，目标和背景平均灰度值可求解如下：

$$Z_0 = \frac{\sum\limits_{f(i,j)<i_{\text{Threshold}}} f(i,j) \cdot N(i,j)}{\sum\limits_{f(i,j)<i_{\text{Threshold}}} N(i,j)} \tag{8.17}$$

$$Z_1 = \frac{\sum\limits_{f(i,j)\geqslant i_{\text{Threshold}}} f(i,j) \cdot N(i,j)}{\sum\limits_{f(i,j)\geqslant i_{\text{Threshold}}} N(i,j)} \tag{8.18}$$

式中，$f(i,j)$ 表示图像灰度大小，$N(i,j)$ 表示权重大小，一般取 1。

（3）求解新阈值。

$$i_{\text{NewThreshold}} = \frac{Z_0 + Z_1}{2} \tag{8.19}$$

（4）迭代求解。如果新阈值与初始阈值差值满足事先预定值，则跳出循环，否则新阈值代替原始阈值，跳转第（2）步继续求解分割。

（5）对原始云图根据阈值大小进行分割，得到二值图像。

云图阈值分割法最常用的是灰度值，但这无法有效利用云图自身信息，特别是云顶温度的使用。云顶温度对于云层分布具有极强的区分度，如高云类分布于 7～9km 高空，云顶温度很低，云层薄；中云形成于 4～6km 高空，云顶温度较低，含水量较低；低云形成于 1～3km 上空，云层厚，云顶温度不太低，能产生降水。

本章实验数据为 MTSAT 静止卫星接收系统接收的云图，灰度区间 [0，1024]，本书分析了 IR1 云图的灰度与云顶温度关系，如图 8.4 所示。

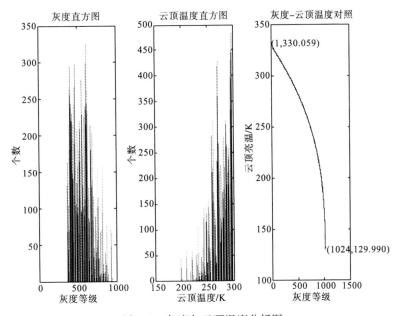

图 8.4　灰度与云顶温度分析图

由图可知，MTSAT 卫星红外云图灰度值区间相对于云顶温度的分布更为宽泛，根据云顶温度直方图可以看到两个直方图双峰，分别出现在 270 和 300 左右。由于云图灰度值与云顶亮温之间并非呈现线性关系，且云顶亮温揭示了云系演变及降水的重要特征，如 10mm/h 的降水量更容易在云顶亮温值为 270 范围内，且在移动范围内亮温值越少，降水越大[15]。因此，云顶亮温相对于云图灰度具有更大的研究意义，本书将云图灰度转化为云顶亮温，再利用迭代阈值分割方法进行云图分割。图 8.5 为本章通过云图灰度迭代阈值分割方法和云顶亮温迭代阈值分割方法得到的实验结果，云顶亮温阈值大小设定为 270。

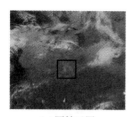

(a)原始云图　　　　　　　(b)灰度阈值　　　　　　　(c)云顶亮温阈值

图 8.5　迭代阈值分割

由图 8.5 分析可知，通过云顶亮温迭代阈值分割效果更好，得到的云图云系更为完整，但分割所得的云系存在着许多毛刺，内部也存有大量小孔，因此本书采用了经典的开闭运算对图像进行进一步处理。通过开运算去除了边界毛刺，通过闭运算去除了云系内部大部分细小空洞，如图 8.6 所示。

为了验证本章阈值分割效果的普适性，本章对特殊的台风天气进行了亮温阈值分割，如图 8.7 所示。

图 8.6　开、闭运算处理

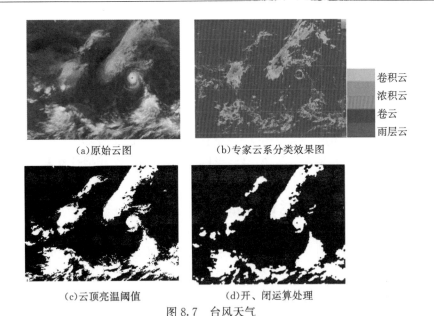

(a)原始云图　　　　　　　　(b)专家云系分类效果图

(c)云顶亮温阈值　　　　　　　(d)开、闭运算处理

图 8.7　台风天气

由图 8.7 对于特殊台风天气的处理可知，本章分割处理方法能够较完整地保留台风天气的云系特征，保证了后续的形状特征提取工作。当分割了云图的区域特征后，可通过区域面积、欧拉数、偏心率、几何不变矩等方式描述形状的区域特征。鉴于几何不变矩良好的旋转不变性，本章采用了几何不变矩进行云图区域特征的描述。若云图像素表示为 $f(x,y)$，相应 $p+q$ 阶矩定义如下：

$$m_{pq} = \sum_x \sum_y x^p y^q f(x,y) \tag{8.20}$$

其相应的中心矩可定义为

$$\mu_{pq} = \sum_x \sum_y (x-\bar{x})^p (y-\bar{y})^q f(x,y) \tag{8.21}$$

其中，图像重心表示为 $\bar{x}=m_{10}/m_{00}$，$\bar{y}=m_{01}/m_{00}$，中心矩能反映区域中灰度相对于图像灰度重心的分布状况。为了使中心距实现尺度平移不变性，可规格化中心距：

$$\eta_{pq} = \frac{\mu_{pq}}{\mu_{00}^{\gamma}} \tag{8.22}$$

其中 $\gamma=(p+q)/2$，通过规格化的二阶(即 $p+q=2$)、三阶中心距(即 $p+q=3$)，可推导出 7 个 HU 不变矩描述区域形状特征，如下所示：

$$I_1 = \eta_{20} + \eta_{02} \tag{8.23}$$

$$I_2 = (\eta_{20} - \eta_{02})^2 + 4\eta_{11}^2 \tag{8.24}$$

$$I_3 = (\eta_{30} - 3\eta_{12})^2 + (3\eta_{21} - \eta_{03})^2 \tag{8.25}$$

$$I_4 = (\eta_{30} + \eta_{12})^2 + (\eta_{21} + \eta_{03})^2 \tag{8.26}$$

$$I_5 = (\eta_{30} - 3\eta_{12})(\eta_{30} + \eta_{12}) \left[(\eta_{12} + \eta_{30})^2 - 3(\eta_{21} + \eta_{30})^2 \right]$$
$$+ (3\eta_{21} - \eta_{03})(\eta_{21} + \eta_{03}) \left[3(\eta_{12} + \eta_{30})^2 - (\eta_{21} + \eta_{30})^2 \right] \tag{8.27}$$

$$I_6 = (\eta_{20} - \eta_{02}) \left[(\eta_{12} + \eta_{30})^2 - (\eta_{21} + \eta_{03})^2 \right] + 4\eta_{11}(\eta_{12} + \eta_{30})(\eta_{21} + \eta_{03})$$
$$\tag{8.28}$$

$$I_7 = (3\eta_{21} - \eta_{03})(\eta_{30} + \eta_{12}) \left[(\eta_{12} + \eta_{30})^2 - 3(\eta_{21} + \eta_{03})^2 \right]$$
$$+ (\eta_{30} - 2\eta_{12})(\eta_{21} + \eta_{03}) \left[3(\eta_{12} + \eta_{30})^2 - (\eta_{21} + \eta_{03})^2 \right] \tag{8.29}$$

通过这 7 个形状不变矩组成云图形状特征向量，进行云图相似性检索。

8.1.4　云图检索性能评价准则

在图像检索中，为了评价各类检索算法的有效性，需要一定的性能评价准则。但一直以来，由于系统检索反馈得到的图像在很大程度上取决于人为主观性，检索效果的客观评价准则并没有统一的标准。图像检索算法中公认度较高的性能评价准则有查全率、查准率和算法时间复杂度。

查全率（recall）是指检索所得到的图像中与检索图像相关的图像数占整个数据库中相关图像数的比例。查准率（precision）是指检索所得到的图像中与检索图像相关的图像数占返回图像数目的比例。一般而言，查全率和查准率的值越高，代表检索算法更优异，但两值为矛盾值，当返回图像数越多时，查全率越高，查准率反而越低，一般存在一定条件使两者达到最大。假设 m_1 代表检索数据库中与检索图像相关的图像个数，m_2 代表相关但并未检索到的图像个数，m_3 代表查询返回的图像中不相关的图像个数，则查全率、查准率可表示如下：

$$p(\text{recall}) = \frac{m_1}{m_1 + m_2} \tag{8.30}$$

$$p(\text{pression}) = \frac{m_1}{m_1 + m_3} \tag{8.31}$$

由上可知，当返回图像数越多时，查全率越高，而此时的查准率会呈下降趋势。因此，一般在检索系统中存在查全率和查准率都较高的平衡点，此时也是该检索算法的最高性能。为此，为平衡查全率、查准率，同时使图像检索算法性能评价更为客观，我们又增加了信息检索中的综合指标 F-Measure，又称 F-Score，可表示为

$$p(F) = \frac{2p(\text{recall}) \times p(\text{pression})}{p(\text{recall}) + p(\text{pression})} \tag{8.32}$$

8.2   基于稀疏表示的云图检索的实现

我们在提取了云图的灰度、纹理及形状特征的基础上，建立了云图数据库，设计了一种采用稀疏分类(SRC)的云图检索方法，其流程如图 8.8 所示。

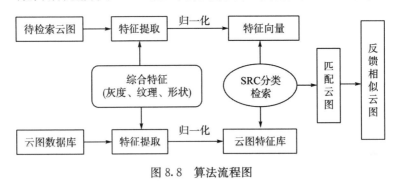

图 8.8   算法流程图

8.2.1   采用字典学习的云图特征优化

要实现理想的云图检索系统，必须设法解决传统图像检索的语义鸿沟问题，而对所提取的特征进行优化是解决这一问题的有效方法。在 8.1 节中，我们提取了云图的灰度、纹理和形状特征，但由于不同类型的特征往往存在着冗余信息及干扰信息，因此如何进行特征优化，选择特征数据中的有效特征，消除不相关特征的影响，对提高检索效果具有重要的意义。本节从稀疏理论出发，借助字典学习方法研究云图特征的优化方法。

传统特征优化主要借助一些降维方法，包括主成分分析方法、独立成分分析和 Fisher 线性判断准则等，在降维的同时提取出重要的特征信息实现特征优化，但这类方法难于反映综合特征间的互补信息，不利于实现非线性特征的分类，稀疏表示可以通过对信号进行稀疏编码获取线性子空间的学习特征，为特征优化提供了新的思路。

假设云图数据库中有 l 幅云图(记为 1, 2, $\cdots$, l)，$Y_i \in R^m$ 表示第 i 幅云图通过提取灰度、纹理和形状特征并归一化后堆叠而成的列向量，则整个云图数据库可表示为 $Y \in R^{m \times l}$，如下所示：

$$Y = [Y_1, Y_2, \cdots, Y_l] \tag{8.33}$$

设各幅云图特征向量中存在着有效特征 Y^a 和干扰特征 Y^b，则云图数据库的有效特征可表示为 $Y^a = [Y_1^a, Y_2^a, \cdots, Y_l^a]$，干扰特征可表示为 $Y^b = [Y_1^b, Y_2^b, \cdots,$

Y_l^b]，即原特征 Y 可由 Y^a 和 Y^b 构成，记为 $Y = f(Y^a，Y^b)$。因此，若要对云图综合特征进行优化（提取出有效特征），则需要对云图综合特征重新学习，而该过程的关键就是对原云图特征进行分解。鉴于稀疏表示理论在信号处理上的优势，我们利用稀疏表示理论分解云图综合特征，根据特征中重要成分重构云图特征。

对于某一云图的特征向量 $Y_i \in R^m$，为实现特征学习，我们对该特征向量以矩阵形式重排，将其表示为 $T_i \in R^{t \times s}(m = t \times s)$，再以 $n \times n(10 \times 10)$ 的分块方式对 T_i 进行分块处理，将 T_i 重新表示为

$$H_i = [h_1, h_2, \cdots, h_k] \tag{8.34}$$

其中，$\boldsymbol{H}_i \in R^{z \times k}(z = n^2，k = (t \times s)/n^2)$，$\boldsymbol{h}_j(j = 1，2，\cdots，k)$ 表示以 n^2 分块大小展开的列向量，为实现原始特征向量 Y_i 的稀疏表示，我们对 $\boldsymbol{H}(i)$ 进行稀疏分解。稀疏理论认为，如果存在着一个字典 $\boldsymbol{\Psi} \in R^{z \times d}(z \ll d)$，并且可以用少量系数组合良好的表示 $\boldsymbol{H}_i$，则说明 $\boldsymbol{H}_i$ 可以在字典 $\boldsymbol{\Psi}$ 下进行稀疏表示，由压缩感知理论，稀疏表示问题可转化为求解 L_0 最小化问题，即

$$\min \|\boldsymbol{\alpha}\|_0, \text{ subject to } \|\boldsymbol{H}_i - \boldsymbol{\Psi} \cdot \boldsymbol{\alpha}\| \leqslant \delta \tag{8.35}$$

其中，字典 $\boldsymbol{\Psi} = [\boldsymbol{\Psi}_1，\boldsymbol{\Psi}_2，\cdots，\boldsymbol{\Psi}_d]$，系数 $\boldsymbol{\alpha} \in R^{d \times k}$，可运用 K-SVD 字典学习算法对字典及系数进行迭代优化求解。

由于有效特征蕴含不同云图的鉴别信息，因此所对应的稀疏表示系数往往有较大的方差，因此在获得稀疏表示系数后，就可根据 H_i 各块所对应系数的特征方差来提取原综合特征中的重要信息成分。具体来讲，可以将 H_i 各块对应系数按方差的大小进行排序，选取其中方差大的系数重构原始云图有效特征向量 $Y_i^a \in R^m$，同时将利用方差小的对应系数所重构的原始云图特征向量 $Y_i^b \in R^m$ 看成无效特征向量，由此云图数据库的有效特征可表示为 $\boldsymbol{Y}^a = [Y_1^a，Y_2^a，\cdots，Y_l^a]$，干扰特征可表示为 $\boldsymbol{Y}^b = [Y_1^b，Y_2^b，\cdots，Y_l^b]$。在实际处理中，为便于实现两类特征的分解，并进一步降低特征维数，我们通过学习训练获得一个投影矩阵 P 来实现，即 $P \cdot Y = [P \cdot Y^a + P \cdot Y^b]$，因此如何计算得到该投影矩阵是关键所在，可通过对下列目标函数最大化进行求解：

$$J = \arg \max_p \frac{E_a}{E_b} \tag{8.36}$$

其中，E_a 表示有效特征能量，E_b 为无效特征能量，即通过两类特征能量比最大化进行求解，以有效分离两类特征。E_a 与 E_b 求解方法如下所示：

$$E_a = \frac{1}{l} \sum_{i=1}^{l} \|PY_i^a\|_2^2 = \frac{1}{l} \sum_{i=1}^{l} (PY_i^a)^{\mathrm{T}}(PY_i^a) = \mathrm{tr}\{P(\frac{1}{l}Y_a Y_a^{\mathrm{T}})P^{\mathrm{T}}\}$$
$$= \mathrm{tr}\{P(S_a)P^{\mathrm{T}}\} \tag{8.37}$$
$$E_b = \frac{1}{l} \sum_{i=1}^{l} \|PY_i^b\|_2^2 = \frac{1}{l} \sum_{i=1}^{l} (PY_i^b)^{\mathrm{T}}(PY_i^b) = \mathrm{tr}\{P(\frac{1}{l}Y_b Y_b^{\mathrm{T}})P^{\mathrm{T}}\}$$

$$= \mathrm{tr}\{P(S_b)P^\mathrm{T}\} \tag{8.38}$$

式中，tr 表示矩阵的迹，$S_a = \dfrac{1}{l}Y_a Y_a^\mathrm{T}$，$S_b = \dfrac{1}{l}Y_b Y_b^\mathrm{T}$ 分别表示两类特征的协方差矩阵，描述了两类特征的散布度。为了在小样本的情况下也能更好地逼近总体方差，我们将它们修改为 $S_a = Y_a Y_a^\mathrm{T}/(l-1)$，$S_b = Y_b Y_b^\mathrm{T}/(l-1)$，由此式(8.36)可转化为如下求解：

$$P_{\mathrm{opt}} = \arg\max_p \frac{E_a}{E_b} = \arg\max_p \frac{\mathrm{tr}\{P(S_a)P^\mathrm{T}\}}{\mathrm{tr}\{P(S_b)P^\mathrm{T}\}} \tag{8.39}$$

由线性判别分析(linear discriminant analysis，LDA)方法[16]可知，式(8.39)可转化为广义特征方程进行特征值求解：

$$S_a P = \lambda S_b P \tag{8.40}$$

式中，P 为投影矩阵，λ 表示对应的特征值。首先对协方差矩阵 S^a 与 S^b 之和进行特征分解得到矩阵 $P_1 \in R^{m \times v}$，其中 $v \ll m$ 以实现降维处理；据此，根据特征能量 $P(S_a)P^\mathrm{T}$，$P(S_b)P^\mathrm{T}$ 及所降维度 v，可求取广义特征值及特征向量 $P_2 \in R^{v \times v}$，则所求解的投影矩阵可表示为

$$P = P_1 \cdot P_2, P \in R^{m \times v} \tag{8.41}$$

根据求取的投影矩阵 P，云图检索样本特征数据库 $Y \in R^{m \times l}$ 可在样本空间投影获取有效特征，我们将新的云图特征数据库表示为 $W \in R^{v \times l}$，即

$$\boldsymbol{W} = P^\mathrm{T} \cdot Y \tag{8.42}$$

由上式可知，通过投影变换，由于 $v \ll m$ 可有效降低云图数据维数，既降低了云图检索运算复杂度，同时减少了云图样本特征中无效特征的干扰，可提升云图检索的查准率。

8.2.2　基于稀疏分类的云图检索算法

由上可知，对云图数据库的 l 幅卫星云图(记为 1，2，…，l)经过特征优化后，可将云图数据库可表示为 $W \in R^{v \times l}$，如下所示：

$$W = [W_1, W_2, \cdots, W_l] \tag{8.43}$$

将 W 看成一个过完备字典，任一待检索云图的特征经同样的投影处理后可表示为 $\boldsymbol{y} \in R^v$，可通过稀疏分类方法实现检索。若待检索云图与云图数据库中第 i 幅云图相似，则 y 在云图数据库可表示为

$$\boldsymbol{y} = W\boldsymbol{\delta} \tag{8.44}$$

理想情况下稀疏系数只会集中于与其图像相似的云图上，即 $\boldsymbol{\delta} = [0, 0, \cdots,$ $x_i, \cdots, 0] \in R^l$，而式(8-44)的求解是一个凸优化问题，可以转化为 L_1 最小

化问题求解：

$$\min \|\boldsymbol{\delta}\|_1, \quad \text{subject} \quad \text{to} \quad \|\boldsymbol{y} - Y\boldsymbol{\delta}\| \leqslant \varepsilon \tag{8.45}$$

根据稀疏表示理论，如果待检索云图与数据库中某云图非常相似，则理想情况下其系数会集中于该主体，因此通过待检索云图特征在云图数据特征库上的线性表示，然后计算式(8.46)所示的重构残差，就可对云图的相似度进行衡量：

$$r_i(\boldsymbol{y}) = \arg\min_i \|\boldsymbol{y} - \boldsymbol{W}\boldsymbol{\delta}_i\|_2 \tag{8.46}$$

其中，δ_i 表示提取稀疏表示系数 δ 中对应的第 i 个系数，而其余的系数均赋为 0，通过对重构残差大小排序，就可按相似度大小返回数据库中的检索结果。

综上所述，本章所提出的基于稀疏表示及特征优化的云图检索算法具体步骤如下：

云图检索数据库的建立

Step 1：输入 l 幅云图，对每幅云图分别通过灰度直方图提取灰度特征，局部二元模式提取纹理特征，亮温阈值后提取形状矩特征，建立云图综合特征数据库 $Y \in R^{m \times l}$；

Step 2：对各幅云图综合特征向量重排分块处理，再由 K-SVD 字典学习进行稀疏表示，获取特征方差大的系数重构云图有效特征，方差小的重构云图无效特征数据，则云图数据库的有效特征可表示为 $Y^a = [Y_1^a, Y_2^a, \ldots, Y_l^a]$，干扰特征可表示为 $Y^b = [Y_1^b, Y_2^b, \cdots, Y_l^b]$；

Step 3：利用云图数据库特征 Y^a 与 Y^b，由特征能量比及线性判别分析子空间学习方法，学习得到投影矩阵 $P \in R^{m \times v}$，实现特征数据降维与特征分离优化；

Step 4：根据投影矩阵 P，将云图检索数据库 $Y \in R^{m \times l}$ 进行空间投影，投影后新数据表示为 $W \in R^{v \times l}$。

云图检索算法流程

Step 1：输入一幅待检索云图，分别提取灰度、纹理和形状特征，得到原始综合特征表示为 $t_i \in R^m$；

Step 2：根据云图检索特征数据库学习得到的投影矩阵 P，对待检索云图综合特征进行空间投影，得到优化后的特征向量 $y_i \in R^v$；

Step 3：运用稀疏分类算法，根据稀疏表示重构残差大小进行相似度排序，实现云图检索反馈。

8.3　实验结果与分析

为了验证算法的有效性，我们采用 MTSAT 静止卫星接收系统所接收的云图进行实验，实验云图大小为 1200×800，云图数据库中包含 550 幅云图的特征信息，实验在 Window XP Intel(R)Pentium CPU G2030 @3.0GHZ，2G 内存的微机进行。实验首先检验了特征优化的有效性，然后比较了不同检索方法的性能。

1. 特征优化的有效性检验

我们分别使用原始特征数据和空间投影学习后的优化特征数据进行云图检索实验，实验选用 2014 年 04 月 10 日 00 点 32 分红外通道 1 的云图，其中云图数据库中与该云图比较相似的云图共计 15 幅。我们分别采用稀疏分类检索算法（SRC）与最近邻分类（NN）欧氏距离度量算法作为检索方案进行实验，其中原始特征数据（original data）记为 OD，经过字典学习特征优化（feature optimization）后的特征数据记为 FO，实验结果如表 8.1 所示。

表 8.1　有效特征检索性能

| 算法 | 原始数据（OD） | | | | 特征优化（FO） | | | |
	查准率/%	查全率/%	时间/s	F-Score/%	查准率/%	查全率/%	时间/s	F-Score/%
NN	77.78	73.33	4.71	75.49	88.89	73.33	23.88	80.37
SRC	88.89	73.33	10.63	80.37	100	73.33	22.67	84.61

根据表 8.1 和图 8.9、图 8.10 所示，通过字典学习特征优化后数据，无论是采用 NN 方法还是 SRC 方法进行检索，实验获取的查全率和查准率相对于利用原始数据进行检索都得到了提升，特别是综合指标 F-Score 得到了较大提升，这也说明特征学习后能够有效地分离有效特征和无效特征，减弱冗余特征干扰，但由于特征学习中存在字典不断更新的过程，时间效率上有所降低；此外，相对 NN 相似度评价方法，采用稀疏分类算法可靠性更强，检索效果最优。

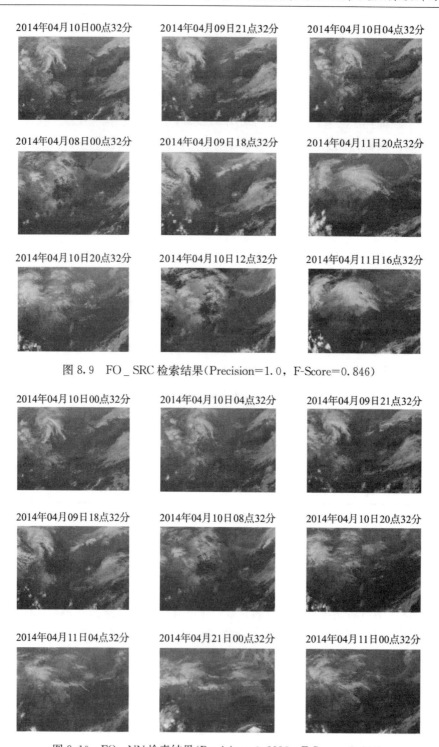

图 8.9   FO_SRC 检索结果(Precision=1.0,F-Score=0.846)

图 8.10   FO_NN 检索结果(Precision=0.8889,F-Score=0.804)

2. 不同检索算法的性能比较

为了评价不同云图检索算法的性能，分别与现今几类典型的图像检索算法进行比较：采用哈希算法的 ITQ(iterative quantization)迭代量化检索算法[17]，记为 ITQ；综合灰度直方图和灰度共生矩阵(gray level co-occurrence matrix, GLCM)纹理特征的图像检索算法[18]，记为 GLCM_COL；采用主成分分析及稀疏分类的图像检索算法[19]，记为 PCA-SRC。为便于观测实验数据，选用 2013 年 11 月 01 日 08 点 30 分第 29 号台风"罗莎"天气数据作为待检索图片，其中云图数据库中与该天云图比较相似的云图共计 12 幅。云图检索结果如表 8.2 所示。我们同时统计了不同检索算法对云图检索的查全率和查准率曲线，如图 8.11 所示。

表 8.2 不同方法的检索性能比较

算法	查准率/%	查全率/%	F-Score/%	时间/s
Proposed algorithm	100	75.00	85.7	23.01
ITQ	100	75.00	85.7	11.2
GLCM_COL	88.89	66.67	76.2	6.18
PCA-SRC	88.89	66.67	76.2	5.41

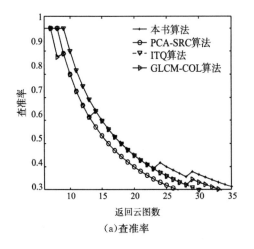

(a)查准率

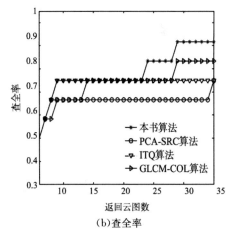

(b)查全率

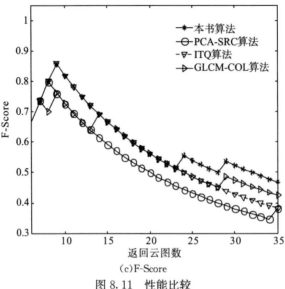

(c)F-Score

图 8.11　性能比较

根据实验可知，本书算法相对于其他几类检索算法，查全率和查准率较高，特别是综合性能指标较好，这主要因为本书算法更注重云图有效特征的利用，降低了无效特征的干扰，但在时间效率上由于存在稀疏求解和特征学习过程，检索速度会减慢。

为了从视觉上比较不同算法的检索效果，按与待检索云图相似度的大小，返回了云图数据库所对应的 9 幅云图作为检索结果，如图 8.12 所示。

由检索结果可以看出，相对于其他检索算法，本书算法检索效果最为明显，检索得到的最相似的云图是其本身，符合事实，返回的最相似图片中基本不存在不相关图像。通过观测研究数据库发现与待检索图像相似度排序分别为：2013年 11 月 01 日 08 点 30 分、2013 年 11 月 01 日 04 点 30 分、2013 年 11 月 01 日 12点 30 分、2013 年 11 月 01 日 00 点 30 分、2013 年 11 月 01 日 17 点 30 分、2013年 10 月 31 日 20 点 30 分、2013 年 11 月 02 日 00 点 30 分、2013 年 10 月 31 日 04点 30 分、2013 年 11 月 02 日 04 点 30 分，相对于 ITQ、GLCM _ COL、PCA _SRC 算法，本书检索算法结果的相似度排列方式更加合理。

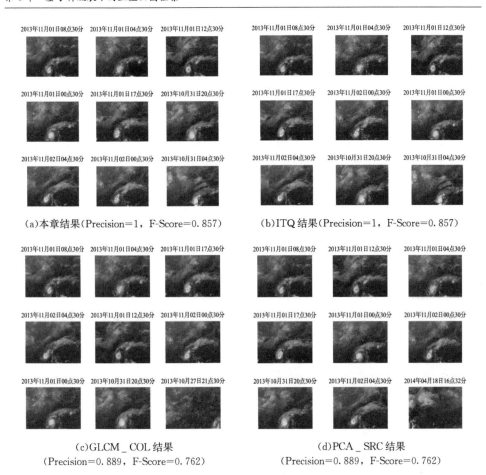

图 8.12　各算法云图检索结果

8.4　本 章 小 结

实现基于内容的卫星云图检索系统对于提高气象服务水平有重要的意义，国内外在卫星云图检索的研究中虽已取得了一定的成果，但由于传统基于内容的图像检索方法通过颜色、形状、纹理、关键点描述了等底层可视化特征来逼近高层语义内容，不可避免地存在语义鸿沟，造成了卫星云图检索的困难，因此关于云图检索的研究还不够深入。稀疏表示可将底层特征从欧氏空间转换到稀疏空间，变成图像库字典集的线性组合，因此通过分析图像特征在稀疏空间中的分布规律，在稀疏空间对图像库进行检索，可以有效地缓解传统方法的语义鸿沟。本章对基于稀疏表示的云图检索方法进行了初步的探索，在提取云图颜色、纹理及形状特征的基础上，采用字典学习的方法对云图原始特征进行优化，有效地消除了干扰信息对检索效果的影响，同时结合稀疏分类方法，实现了一个云图检索系统。在未来的研究过程中，需要进一步研究如何提升云图检索效率及获取更具代表性的云图特征。

参 考 文 献

［1］ Kitamoto A. The development of typhoon image database with content-based search. Tokyo：1st International Symposium on Advanced Informatics，2000：163-170.

［2］ Fabio D A，Paolo G. Query-by-shape in meteorological image archives using the point diffusion technique. IEEE Transactions on Geoscience and Remote Sensing，2001，39(9)：1834-1843.

［3］ Deepak U. Content-Based Satellite Cloud Image Retrieval. Indian Institute of Remote Sensing，2011.

［4］ 刘正光，刘勇. 卫星云图数据库的研究. 计算机工程与科学，2001，23(3)：18-20.

［5］ 上官伟. 基于内容的卫星云图处理与信息检索技术研究. 哈尔滨工程大学博士学位论文，2008.

［6］ Swain M J，Ballard D H. Color indexing . International Journal of Computer Vision，1991，7(1)：11-32.

［7］ Stricker M，Orengo M. Similarity of color images. Proc. SPIE Storage and Retrieval for Image and Video Databases，1995，2420：381-392.

［8］ Smith J R，Chang S F. Tools and techniques for color image retrieval . In Proc of SPIE：Storage and Retrieval for image and video Database，1995.

［9］ Ojala T，Pietikainen M，Maenpaa T. Multi-resolution gray-scale and rotation invariant texture classification with local binary patterns. IEEE Trans. on Pattern Analysis and Machine Intelligence，2002，24(7)：971-987.

［10］ Maenpaa T，Pietikainen M. Multi-scale binary patterns for texture analysis. Proceedings of the 13th Scandinavian Conference on Image Analysis，Goteborg，2003：267-275.

［11］ Belongie S，Malik J，Puzicha J. Shape matching and object recognition using shape contexts. IEEE Transactions on Pattern Analysis and Machine Intelligence，2002，24(4)：509-522.

［12］ Mori G，Belongie S，Malik J. Efficientshape matching using shape contexts. IEEE Transactions on Pattern Analysis and Machine Intelligence，2005，27(11)：1832-1837.

［13］ Hu M K. Visual pattern recognition by moment invariant. IRE Transactions on Information Theory，1962，(8)：179-187.

［14］ Teague M R. Image analysis via the general theory of moments. Journal of Optical Society of America，1980，70(8)：920-930.

［15］ 张婷. 云顶亮温与义乌市降水关系研究. 浙江师范大学硕士学位论文，2006.

［16］ 庄哲民，张阿妞，李芬兰. 基于优化的 LDA 算法人脸识别研究. 电子与信息学报，2007，9(29)：20147-2049.

［17］ Gong Y C，Lazebnik S. Iterative quantization：a procrustean approach to learning binary codes. IEEE International Conference on Computer Vision and Pattern Recognition(CVPR)，2011.

［18］ 严春来. 综合颜色和纹理特征的图像检索算法. 信息安全与技术，2012，3(8)：20-23.

［19］ 李修志. 采用稀疏表示的大规模图像检索技术研究. 苏州大学硕士学位论文，2012.

索　引